U0386249

机电工程数字化手册系列

最新电子器件置换手册（软件版）

《最新电子器件置换手册》编写组　编著

机械工业出版社

本手册全面汇编了国内外电气与电子设备中所使用的晶体二极管、晶体三极管、晶闸管以及场效应晶体管及其模块的实用关键参数和代换型号。每一种电子器件包括三部分内容：第一部分介绍该器件手册的查询方法；第二部分介绍了该器件的结构、命名、参数、使用和检测方法等基础知识；第三部分以通用数表的形式介绍器件的型号（国别）、关键参数、材料或类别、近似置换和备注。在此基础上，实现两种不同方式的器件查询，其一是按照器件的型号查询，其二是按照器件的参数范围查询。本手册内容全面，查阅简单，携带方便。

本手册是目前国内有关电子器件方面数据资料较为齐全和规范的资料库软件系统，具有开发思路新颖、数据资源丰富、实用性强等特点，全面介绍电子器件关键参数和代换资料，适用于从事电气与电子设备维修、设计、研发、生产、制作的工程技术人员，也适用于电子器件销售人员及电子爱好者。

图书在版编目（CIP）数据

最新电子器件置换手册：软件版/《最新电子器件置换手册》编写组编著. —北京：机械工业出版社，2012.5
（机电工程数字化手册系列）
ISBN 978-7-111-38661-2

Ⅰ.①最… Ⅱ.①最… Ⅲ.①电子器件-技术手册
Ⅳ.①TN103-62

中国版本图书馆 CIP 数据核字（2012）第 117860 号

机械工业出版社（北京市百万庄大街 22 号 邮政编码 100037）
策划编辑：江婧婧 责任编辑：江婧婧
版式设计：霍永明 责任校对：刘秀丽
责任印制：乔 宇
北京铭成印刷有限公司印刷
2012 年 6 月第 1 版第 1 次印刷
184mm×260mm ·5.5 印张·123 千字
0001—1000 册
标准书号：ISBN 978-7-111-38661-2
ISDN-978-7-89433-484-8（光盘）
定价：398.00 元（含 1CD）

凡购本书，如有缺页、倒页、脱页，由本社发行部调换

电话服务
社服务中心：(010)88361066
销售一部：(010)68326294
销售二部：(010)88379649
读者购书热线：(010)88379203

网络服务
门户网：http://www.cmpbook.com
教材网：http://www.cmpedu.com
封面无防伪标均为盗版

前　言

随着我国大力推动工业转型升级，信息化与工业化深度融合，传统产业数字化、信息化程度的不断提高，许多纸质的工具书都推出了相应的计算机软件环境平台，并取得了明显的效果。对于现有的关于电子器件的选型、参数以及电子器件置换等方面的图书还没有比较成熟的、完整的信息资料数据库软件系统，工程技术人员仍然需要使用传统的纸质电子器件手册书籍进行资料查询、参数选择、抄录结果，如果可以将需要选择的器件型号或者相关参数输入到软件平台，通过搜索的方式查看，将会大大节省使用者的时间，提高工作效率。

为促进我国机、电行业数字化、信息化的发展，满足数字化时代电气工程技术人员的需求，加强以知识信息为基础的资源数据服务业务，机械工业出版社组织人力进行了数字化手册技术资源库软件版系统的研制和出版工作。我们在认真分析和总结电子器件相关技术资料手册的基础上，依托电子器件工具书——《最新电子器件置换手册系列》丛书，结合市场上现有的数字化产品情况，开发了《最新电子器件置换手册（软件版）》，作为我社机电工程数字化手册系列之一。本手册是一种面向电工技术人员的综合通用资源和查询软件平台，目的是使广大电工技术人员在进行设计工作时，能方便、快捷、准确地选用有关数据。

《最新电子器件置换手册系列》丛书是为了适应“电子器件技术的不断发展，新型器件层出不穷，一些工具书由于收编时间较早也难以查到最新型号的器件及模块的参数”等需要组织编写的。该丛书以通用数表的形式全面介绍晶体二极管、晶体三极管、晶闸管以及场效应晶体管及其模块的主要特征参数和近似置换型号，所介绍的特征参数包括电流、电压和功率值，以及材料或类别，近似置换型号，并按数字或字母的升序编排，方便读者查阅。书中还介绍了上述电力电子器件的概念、分类、命名、参数、结构、外形、新标准电路符号、器件选用与检测等相关知识。作为《最新电子器件置换手册系列》丛书的升级产品，《最新电子器件置换手册（软件版）》使用简单，界面清晰。首先将光盘放入计算机光驱中，光盘运行并自动安装浏览器及所需的软件，并加载《最新电子器件置换手册（软件版）》文件到浏览器。安装完毕后，打开浏览器，完成注册后即可阅读到《最新电子器件置换手册（软件版）》的内容。该软件除了完整地将书上的内容呈现给读者外，其最重要的功能是为了实现器件的自动查询功能，可通过两种形式来实现查询功能，其一，通用数表是以数据表的形式呈现，在表头表名的下方有个查询框，可按照表中不同的内容进行查询，包括器件型号、材料或类别、参数、近似置换类型，先在下拉菜单中选中需要查询的条目，在查询文本框中输入需要查询的内容，点击查询按钮，通过模糊查询或者精确查询，可以得到查询结果，其二，进入快速查询界面，按照器件类型和型号快速查询。查询到的器件信息可以单独导出一个文本文档，方便读者参考使用。

《最新电子器件置换手册（软件版）》是目前国内有关电子器件方面数据资料较为齐

全和规范的资料库软件系统，具有开发思路新颖、数据资源丰富、实用性强等特点，适用于从事电气与电子设备维修、设计、研发、生产、制作的工程技术人员，也适用于电子器件销售人员及电子爱好者。

本手册（软件版）的功能将进一步完善，内容也将及时更新，售后服务会长期进行。对于本手册中可能存在的错误，恳请大家多多指教，以便我们的产品不断优化升级，满足读者需要。在此，我们向大家表示真心的感谢。

本手册是单机版，如需购买网络版请和我们联系。

联系邮件地址：dzyx@ cmpbook. com

作者

2012 年 3 月

目　录

第1章 系统安装

《最新电子器件置换手册（软件版）》与许多 windows 安装程序一样，具有良好的用户界面。只要您之前亲手安装过其他应用程序，那您就可以轻松的安装《最新电子器件置换手册（软件版）》。

只能使用安装程序对《最新电子器件置换手册（软件版）》进行安装，安装程序可根据您的选择将全部或部分内容安装到硬盘上。

1.1 运行环境

安装《最新电子器件置换手册（软件版）》之前，需检查计算机是否满足最低安装要求。

为了能流畅地运行此软件，您的计算机必须满足以下要求：

- CPU 为 PIII500 以上 IBM PC 及兼容机。
- VGA 彩色显示器（建议显示方式为 16 位真彩色以上，分辨率 1024 × 768 像素及以上）。
- 1GB 以上硬盘空间。
- 128MB 以上内存。
- 16 倍速 CD-ROM 驱动器。

软件要求：简体中文 windows2000/XP 及以上操作系统。

1.2 安装步骤

为了保证安装程序的运行速度，在安装过程中希望关闭其他 windows 应用程序。

安装步骤如下：

（1）在 CD-ROM 驱动器中放入《最新电子器件置换手册（软件版）》安装光盘。

（2）光盘自动运行，或者打开光盘双击“Setup”图标，显示初始界面，如图 1-1 所示，点击“安装”按钮。首先安装 . NET 文件，界面如 1-2 下。

（3）在您阅读协议内容并表示同意后单击“接受”按钮，进入图 1-3 所示安装进度条。

如果计算机中已经装有适合本软件的. NET 文件，以上两步会自动跳过。

（4）完成安装后进入图 1-4 所示的数字化手册浏览器单机版安装向导。在您阅读警告内容并表示同意后，单击“下一步”。

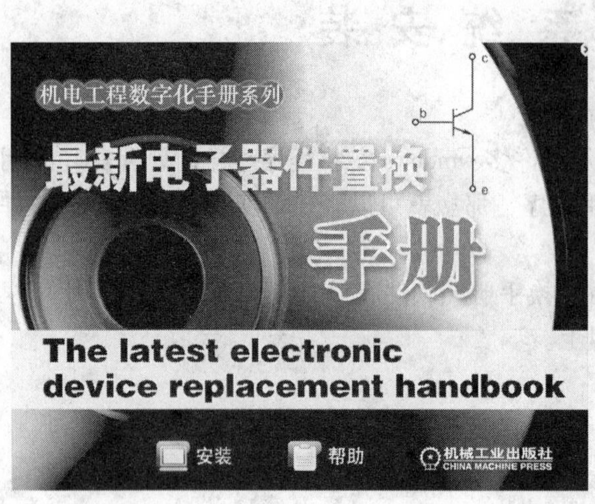

图 1-1 初始界面

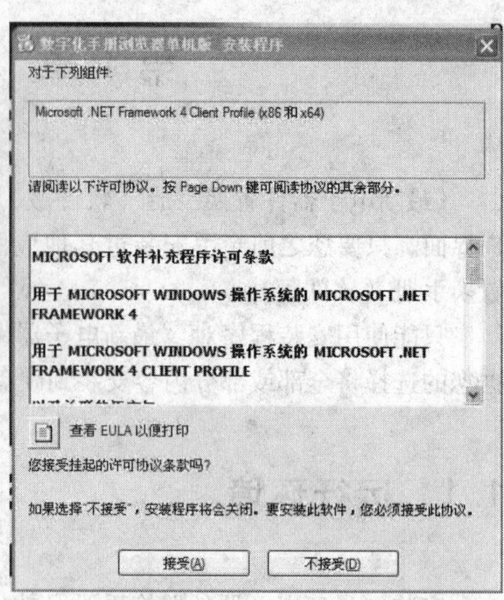

图 1-2 .NET 文件安装对话框

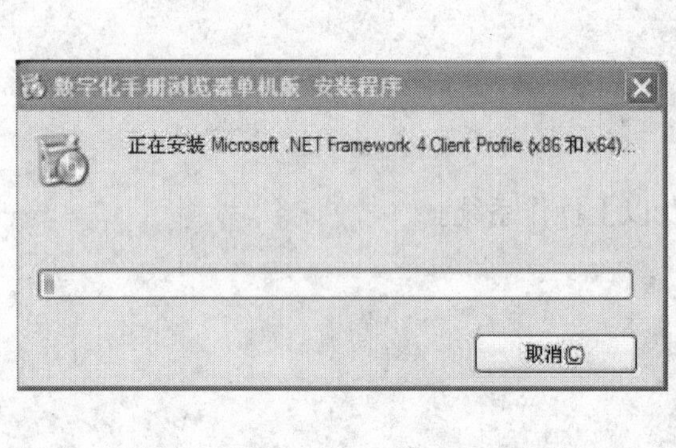

图 1-3 安装进度条

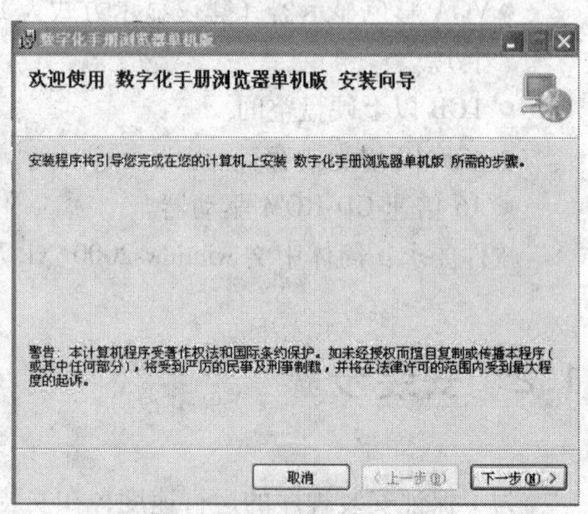

图 1-4 数字化手册浏览器单机版安装向导

（5）进入如图 1-5 所示的选择安装目录界面。系统推荐的安装目录是 C：\Program Files\机械工业信息研究院\数字化手册浏览器单机版，如果同意安装在此目录下，单击“下一步”按钮。如果希望在其他的目录中，单击“浏览”按钮，在弹出的对话框中选择合适的文件夹后，单击“确定”按钮，确认安装路径。

（6）进入如图 1-6 所示的确认安装界面，点击“下一步”开始安装。

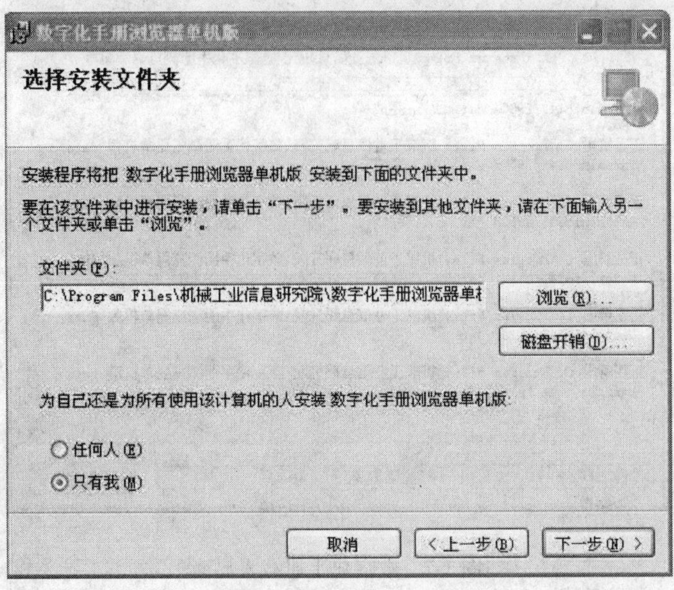

图1-5 选择安装目录界面

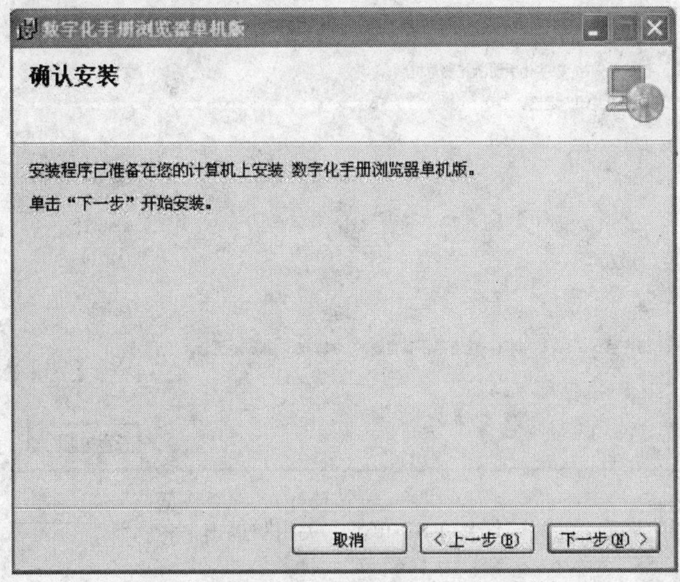

图1-6 确认安装界面

（7）安装完成后进入如图1-7所示的数字化手册载入界面，显示手册的安装路径，并验证安装包、将手册解压到指定目录。

（8）所有文件安装完毕，如图1-8，单击“关闭”退出。

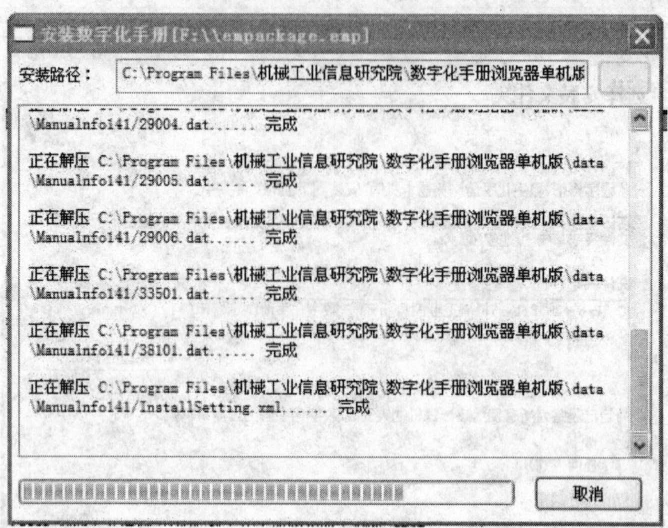

图 1-7　数字化手册载入界面

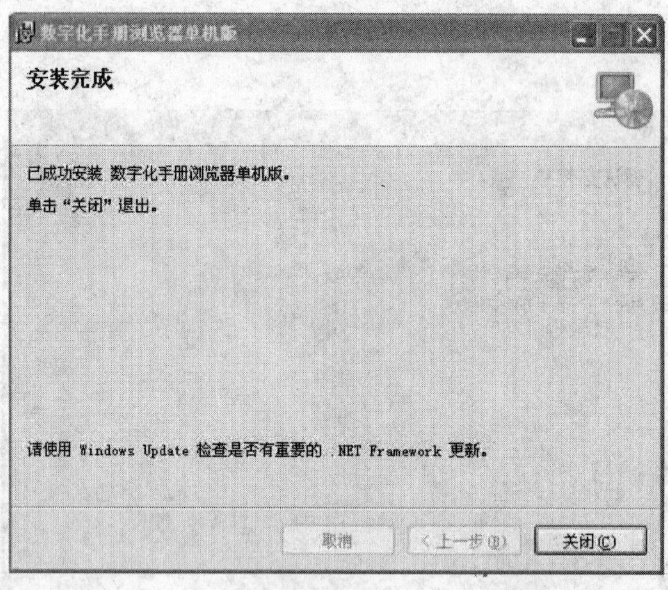

图 1-8　单击“关闭”退出

1.3　启动《最新电子器件置换手册（软件版）》

安装完毕后，单击“开始”→“所有程序”→“数字化手册运行平台”程序组下的“数字化手册浏览器（单机版）”，或者右键选择发送到桌面快捷方式，双击快捷方式即可启动。

1.4 注册《最新电子器件置换手册（软件版）》

安装完毕后，请填写序列号和用户信息，发送授权申请文件到 dzyx@ cmpbook. com，加载返回的授权文件，完成注册。经过注册后，您将获得进一步的产品服务。单击“开始”→“所有程序”→“数字化手册运行平台”程序组下的“数字化手册浏览器（单机版)”，或者右键选择发送到桌面快捷方式，双击快捷方式即可启动浏览器打开《最新电子器件置换手册（软件版)》，界面如图 1-9 所示。读者在第一次使用时需要完成注册流程，在“数字化手册注册”对话框中，点击对话框右上方的“注册申请”，要求输入光盘下方的序列号，并填好用户信息，点击“申请”，会跳出“授权申请文件”对话框，见图 1-10，将生成的后缀为. req 的授权申请文件保存到选定的目标文件夹中，读者将该文件发送到菜单栏中支持项给定的邮箱地址 dzyx@ cmpbook. com，随后会回复给您的邮件中包含一个后缀为. lic 的文件，收到该. lic 文件后，点击“加载授权文件”，显示“打开”对话框，如图 1-11 所示，选定文件夹中的后缀为. lic 的授权文件，完成申请流程。此时，可以正常使用数字化手册浏览器浏览《最新电子器件置换手册（软件版)》中的内容了。

图 1-9 “注册”对话框

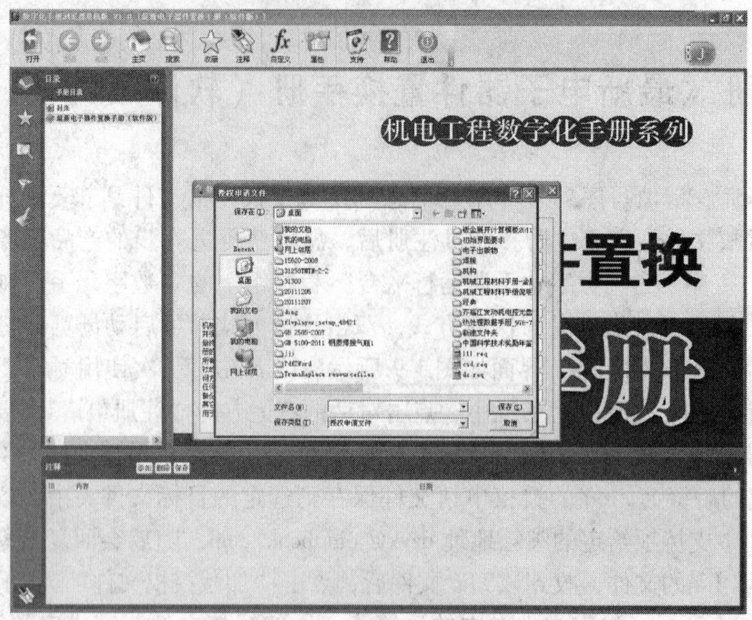

图 1-10 “授权申请文件”对话框

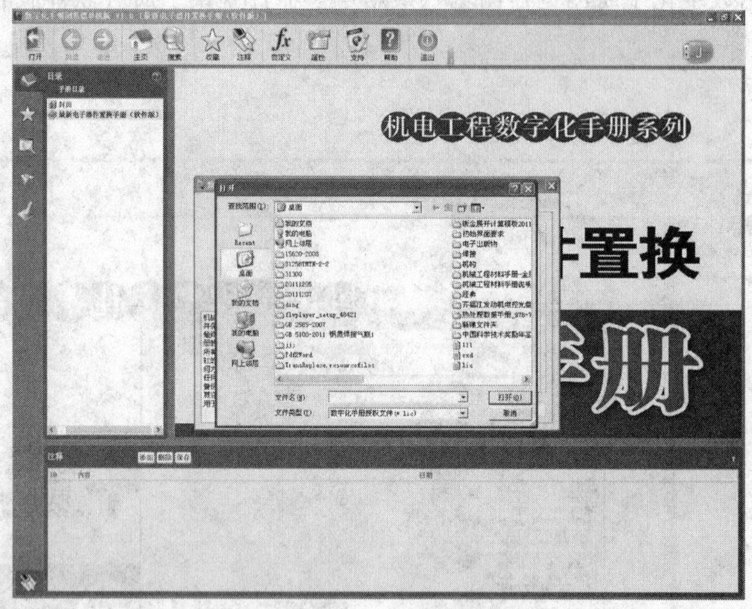

图 1-11 “打开”对话框

1.5 卸载《最新电子器件置换手册（软件版）》

如果不想在某台计算机上使用本软件，可通过执行“开始”→“所有程序”→“数字化手册运行平台”程序组下的“卸载数字化手册浏览器（单机版）”或通过“控制面板”→“添加/删除程序”来卸载数字化手册浏览器（单机版）。

第 2 章　主界面介绍

2.1　功能划分

主界面的功能划分如图 2-1 所示，主要包括菜单区、工具栏区、窗体操作按钮、导航器、资料显示区几部分。其中菜单区和工具栏区的部分功能是重合的，工具栏区为用户提供了快捷操作方式。导航区是用来显示工具栏中的不同功能，比如目录页 就为读者提供了一个目录，帮助读者快速了解软件版手册中的内容。资料区用来显示用户查询到的各种资料信息，包括数据、说明文字、图形、数据曲线以及超文本等。

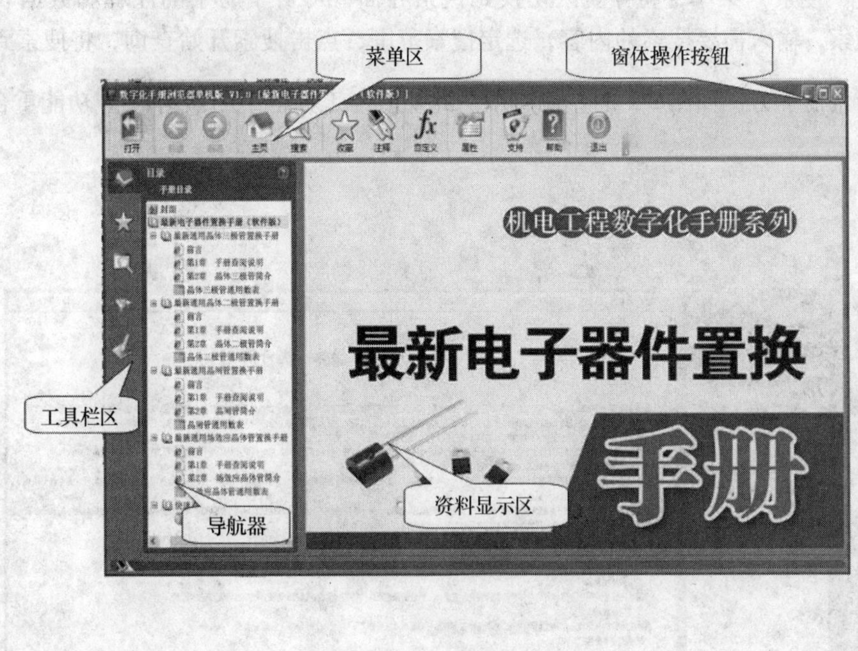

图 2-1　主界面

2.2　菜单区

主菜单包括“打开”、“后退”、“前进”、“主页”、“搜索”、“收藏”、“注释”、“自定义”、“属性”、“升级”、“支持”、“帮助”等多项功能，如图 2-2 所示。

图 2-2 菜单区

2.2.1 “打开”菜单

“打开”菜单主要用于选择一本手册打开，当只有一本手册时，浏览器打开默认加载的这本唯一的手册。

2.2.2 “前进”、“后退”菜单

“前进”、“后退”用于将浏览器界面切换到前一个或后一个页面。

2.2.3 “搜索”菜单

通过“搜索”菜单，将导航区切换到搜索界面，可对手册中的注释和数据表中的内容进行搜索，输入需要搜索的内容，选定搜索范围，点击搜索开始查询，将搜索到的内容显示在搜索框下方，如图 2-3 的左侧所示。此功能与工具栏中的索引功能重合。

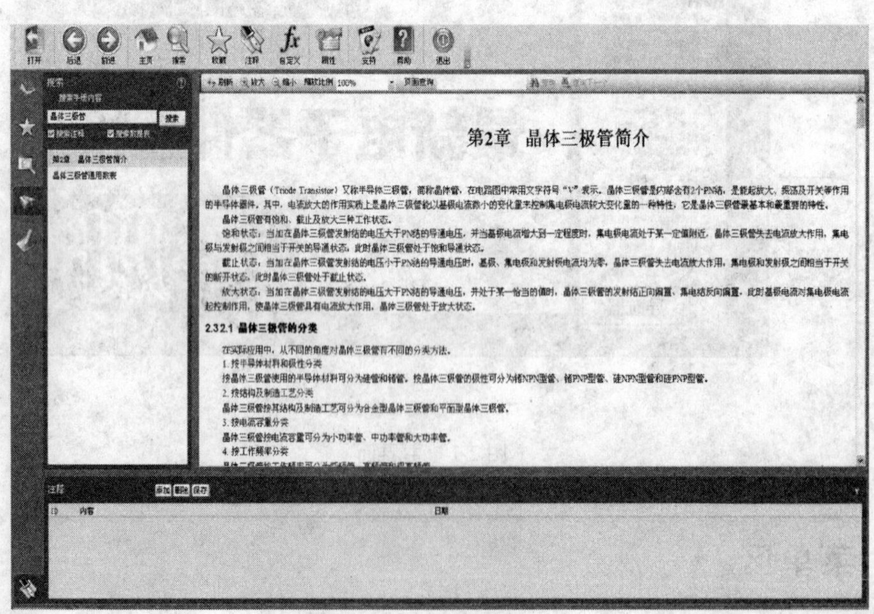

图 2-3 “搜索”菜单

2.2.4 “注释”菜单

通过“注释”菜单，可以打开或者关闭注释区窗口。

2.2.5 “自定义”菜单

通过“自定义”菜单，可将导航区切换到自定义页。

2.2.6 “属性”菜单

通过“属性”菜单，可显示数字化手册属性窗口。

2.2.7 “支持”菜单

通过“支持”菜单，可显示系统支持页面，页面如图 2-4 所示。

图 2-4 “支持”菜单

2.2.8 “帮助”菜单

通过“帮助”菜单，可以显示系统的帮助文档，该文档对手册浏览器的安装、使用等方面有详细的介绍。

2.2.9 “退出”菜单

点击“退出”，关闭手册浏览器。

2.3 工具栏

工具栏为读者提供快捷操作的功能，由五个功能页组成。

（1）目录页：显示数字化手册目录树。

（2）收藏夹页：显示收藏夹窗口。

（3）索引页：显示数字化手册索引表。

（4）搜索页：显示资料查询窗口。

（5）自定义页：显示用户自定义资源目录树。

2.4 导航区

导航区主要用来显示工具栏中不同功能的界面，比如点击目录页，目录导航树如图 2-5 所示，主要以目录结构树的方式，使用户能够根据资料的分类一步步展开到需要

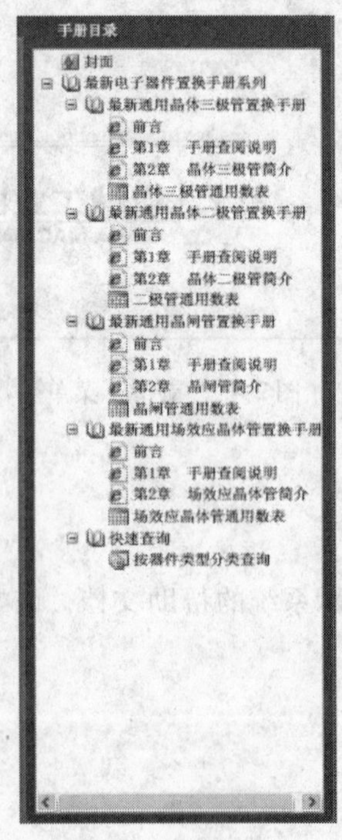

图 2-5 目录导航树

查询的位置。《最新电子器件置换手册（软件版）》内容包括最新通用晶体三极管置换手册、最新通用晶体二极管置换手册、最新通用晶闸管置换手册、最新通用场效应晶体管置换手册、快速查询共五部分内容。

1. 最新通用晶体三极管置换手册

全面汇编了国内外电子元器件产品所使用的晶体三极管及其模块的实用关键参数和代换型号，内容涉及 2006 年以前国内外三极管生产厂家的大部分最新三极管（包括三极管模块）的型号。内容包括三部分：第一部分介绍该手册的查询方法；第二部分介绍三极管的型号命名、使用和检测方法等基础知识；第三部分以通用数表的形式介绍三极管型号（国别）、主要参数、构成材料和近似置换。

2. 最新通用晶体二极管置换手册

全面汇编了国内外电子元器件产品所使用的晶体二极管及其模块的实用关键参数和代换型号，内容涉及 2007 年以前国内外二极管生产厂家的大部分最新二极管和模块的型号。内容共分三部分：第一部分介绍该手册的查询方法；第二部分介绍二极管的型号命名、使用和检测方法等基础知识；第三部分以通用数表的形式介绍二极管型号（国别）、主要参数、结构、类别、功能用途、封装形式和近似置换等项目。

3. 最新通用晶闸管置换手册

全面汇编了国内外电子元器件产品所使用的晶闸管（包括部分功能与参数设置与晶闸管类似的晶闸二极管和晶闸四极管）及其模块的实用关键参数和代换型号，内容涉及 2006 年以前国内外晶闸管生产厂家的大部分最新晶闸管和模块的型号。内容共分三部分：第一部分介绍该手册的查询方法；第二部分介绍晶闸管的型号命名、使用和检测方法等基础知识；第三部分以表格的形式介绍晶闸管型号（国别）、主要参数、功能用途和近似置换。

4. 最新通用场效应晶体管置换手册

全面汇编了国内外电子元器件产品所使用的场效应晶体管及其模块的实用关键参数和代换型号，内容涉及 2006 年以前国内外场效应晶体管生产厂家的大部分最新场效应晶体管和模块的型号。内容共分三部分：第一部分介绍该手册的查询方法；第二部分介绍场效应晶体管的结构、命名、参数、使用和检测方法等基础知识；第三部分以通用数表的形式介绍场效应晶体管的型号（国别）、关键参数、材料或类别、近似置换和备注。

5. 快速查询

快速查询提供一种按照器件类型进行快速查询的方法，在下拉菜单中选择需要查询的器件类型，其一是按照器件的型号查询，其二是按照器件的参数范围查询。

2.5 资料显示区

资料显示区域主要用来显示手册章节内容，通用数表及各种图形文字资料，还可以作为网页浏览器和资源管理器使用，其典型布局如图 2-6 和图 2-7 所示。

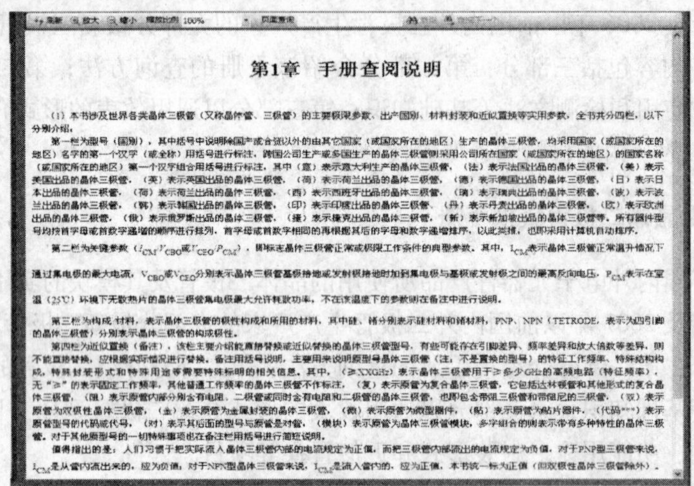

第1章　手册查阅说明

（1）本书涉及世界各类晶体三极管（又称晶体管、三极管）的主要极限参数、出产国别、材料封装和近似置换等实用参数，全书共分四栏，以下分别介绍。

第一栏为型号（国别），其中括号中说明除国产或合资以外的由其它国家（或国家所在的地区）生产的晶体三极管，均采用国家（或国家所在的地区）名字的第一个汉字（或全称）用括号进行标注，跨国公司生产或多国生产的晶体三极管则采用公司所在国家（或国家所在的地区）的国家名称（或国家所在的地区）第一个汉字组合用括号进行标注，其中（意）表示意大利生产的晶体三极管，（法）表示法国出品的晶体三极管，（美）表示美国出品的晶体三极管，（英）表示英国出品的晶体三极管，（荷）表示荷兰出品的晶体三极管，（德）表示德国出品的晶体三极管，（日）表示日本出品的晶体三极管，（荷）表示荷兰出品的晶体三极管，（西）表示西班牙出品的晶体三极管，（瑞）表示瑞典出品的晶体三极管，（波）表示波兰出品的晶体三极管，（韩）表示韩国出品的晶体三极管，（印）表示印度出品的晶体三极管，（丹）表示丹麦出品的晶体三极管，（欧）表示欧洲出品的晶体三极管，（俄）表示俄罗斯出品的晶体三极管，（捷）表示捷克出品的晶体三极管，（新）表示新加坡出品的晶体三极管等。所有器件型号均按首字母或首数字递增的顺序进行排列，首字母或首数字相同的再根据其后的字母和数字递增排序，以此类推，也即采用计算机自动排序。

第二栏为关键参数（I_{CM}/V_{CBO}或V_{CEO}/P_{CM}），即标志晶体三极管正常或极限工作条件的典型参数。其中，I_{CM}表示晶体三极管正常温升情况下通过集电极的最大电流，V_{CBO}或V_{CEO}分别表示晶体三极管基极接地或发射极接地时加到集电极与基极或发射极之间的最高反向电压，P_{CM}表示在室温（25℃）环境下无散热片的晶体三极管集电极最大允许耗散功率，不在该温度下的参数则在备注中进行说明。

第三栏为构成 材料，表示晶体三极管的极性构成和所用的材料，其中硅、锗分别表示硅材料和锗材料，PNP、NPN（TETRODE，表示为四引脚的晶体三极管）分别表示晶体三极管的构成极性。

第四栏为近似置换（备注），该栏主要介绍能直接替换或近似替换的晶体三极管型号，有些可能存在引脚差异、频率差异和放大倍数等差异，则不能直接替换，应根据实际情况进行替换。备注用括号说明，主要用来说明原型号晶体三极管（注：不是置换的型号）的特征工作频率、特殊结构构成，特殊封装形式和特殊用途等需要特殊标明的相关信息。其中，（≥XXGHz）表示晶体三极管用于≥多少GHz的高频电路（特征频率），无“≥”的表示固定工作频率，其他普通工作频率的晶体三极管不作标注，（复）表示原管为复合晶体三极管，它包括达林顿管和其他形式的复合晶体三极管，（阻）表示原管内部分别含有电阻、二极管或同时含有电阻和二极管的晶体三极管，也即包含带阻三极管和带阻尼的三极管，（双）表示原管为双极性晶体三极管，（金）表示原管为金属封装的晶体三极管，（微）表示原管为微型器件，（贴）表示原管为贴片器件，（代码***）表示原管型号的代码或代号，（对）表示其后面的型号与原管是对管，（模块）表示原管为晶体三极管模块，多字组合的则表示带有多种特性的晶体三极管。对于其他原型号的一切特殊事项也在备注栏用括号进行简短说明。

值得指出的是：人们习惯于把实际流入晶体三极管内部的电流规定为正值，而把三极管内部流出的电流规定为负值，对于PNP型三极管来说，I_{CM}是从管内流出来的，应为负值，对于NPN型晶体三极管来说，I_{CM}是流入管内的，应为正值，本书统一标为正值（但双极性晶体三极管除外）。

图 2-6　文字资料显示

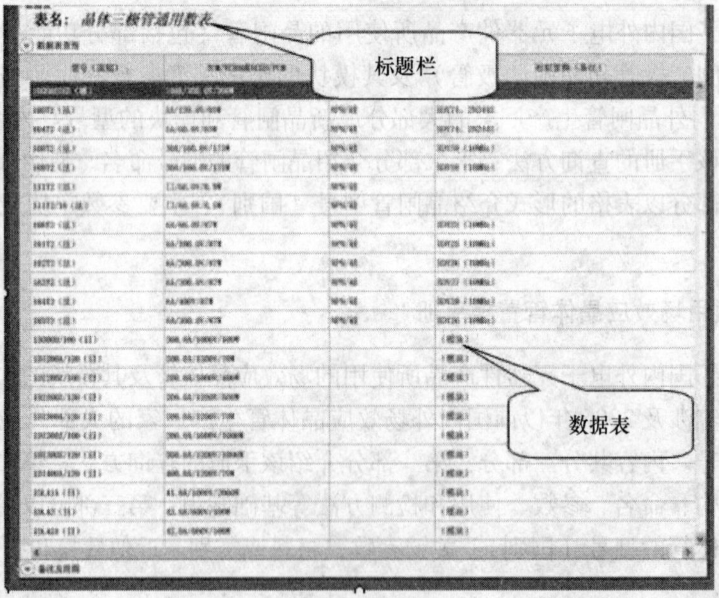

图 2-7　数据表显示

第 3 章　主要功能使用介绍

3.1　数据保存

如图 3-1 所示，双击需要保存的某行数据，系统会根据表格数据的组织方式，将行数据组织成需要的结果，并显示在如图 3-2 所示的“数据表单行数据查看”对话框中。

单击“保存”按钮，将对话框中的结果以 txt 文档保存，弹出“另存为”对话框，如图 3-3 所示，选定目标文件夹。

单击“下一个”按钮，显示该行下一行表格中的数据。

单击“上一个”按钮，显示该行上一行表格中的数据。

单击“关闭”按钮，退出本次操作。

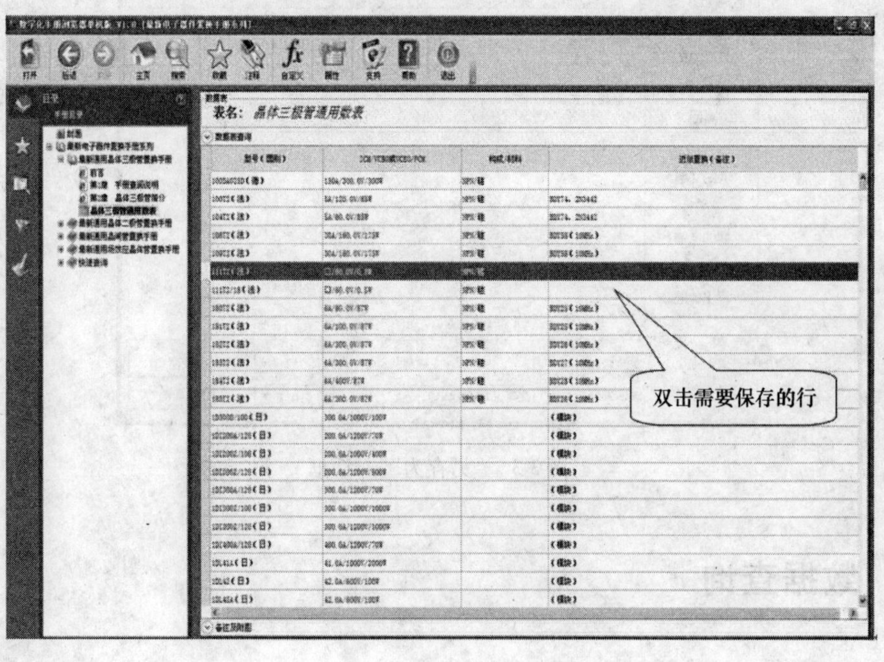

图 3-1　数据保存

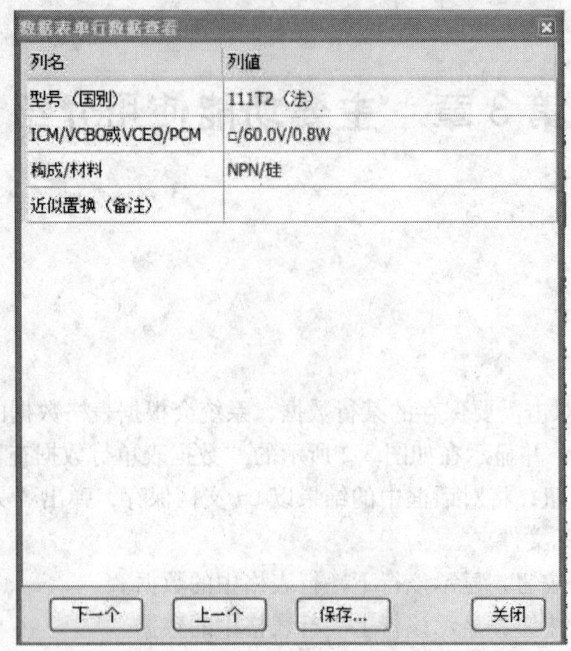

图 3-2 “数据表单行数据查看”对话框

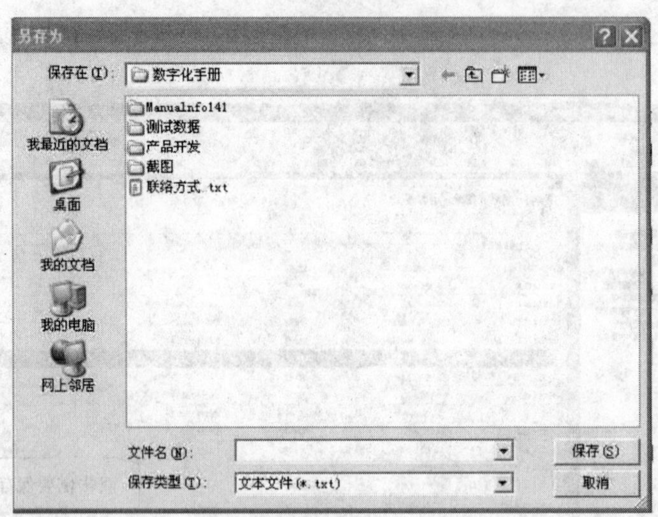

图 3-3 “另存为”对话框

3.2 数据查询

点击标题栏下“数据表查询”左侧的下拉按钮，显示出“数据表查询”对话框，如图 3-4 所示，在该对话框中，分查询字段和查询文字两栏，查询字段下拉菜单中包括型号（国别）、参数对应的物理量符号、构成/材料、近似置换（备注）四种，其下方可选择模糊查找或精确查找两种方式，见图 3-5。选好后，在右边的查询文本中输入需要查询的内容，点击开始查询，之后，在资料显示区会显示出符合要求的查询结果。例如，在“晶体三极管通用数表”中，查询型号中含有“100T”字段的器件，查询结果如图 3-6 所示。

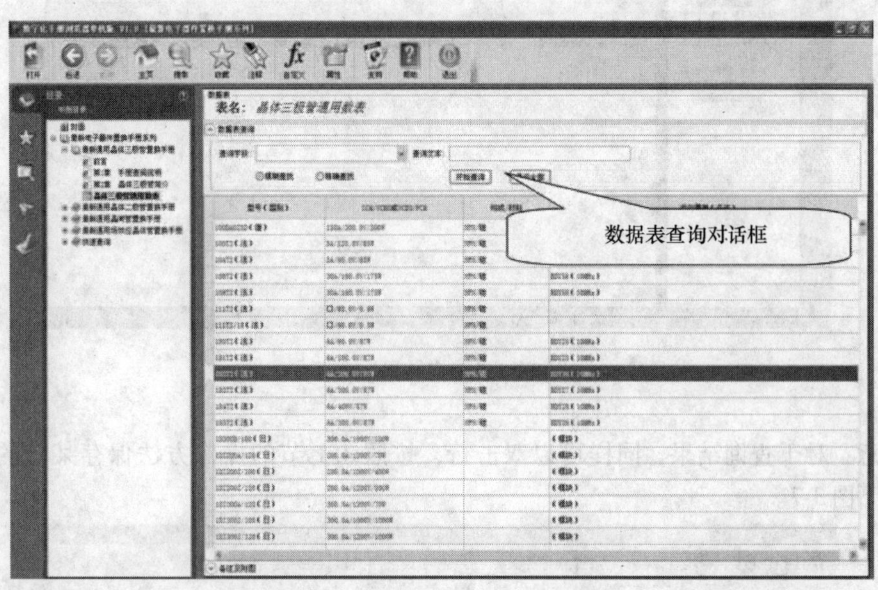

图 3-4　“数据表查询”对话框

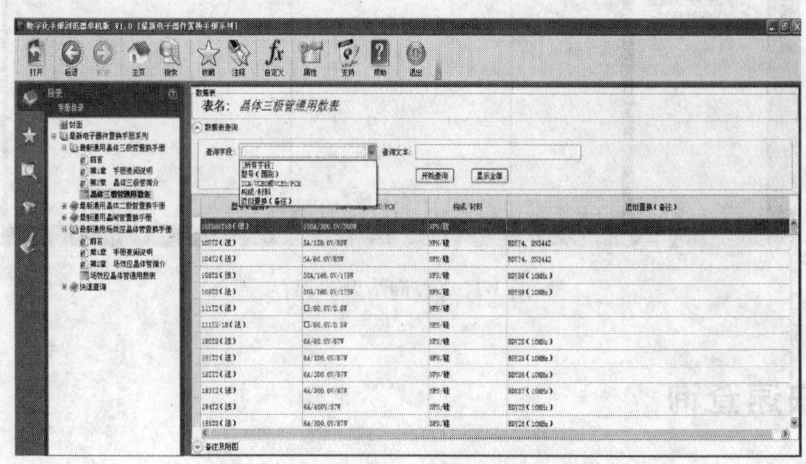

图 3-5“查询字段”选择菜单

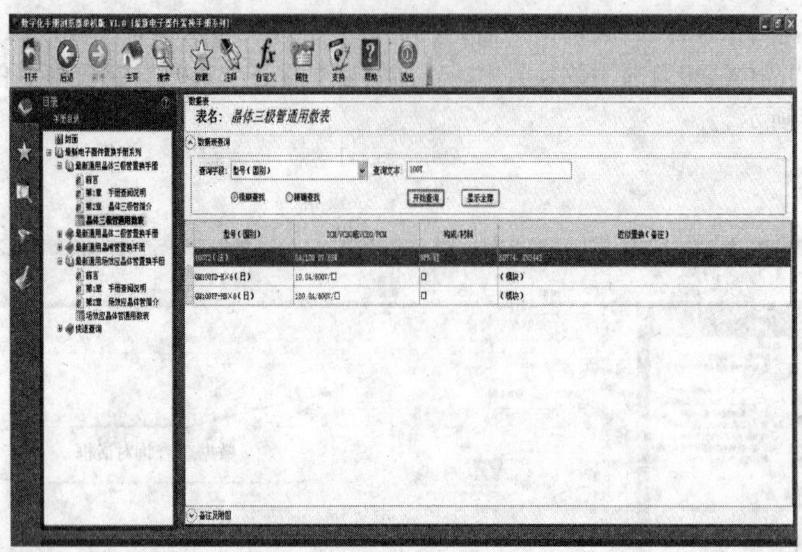

图 3-6 “查询结果”显示

注意：对于查询结果，同样可以双击行，按照 3.1 节的操作方法保存某行的数据结果，见下图 3-7。

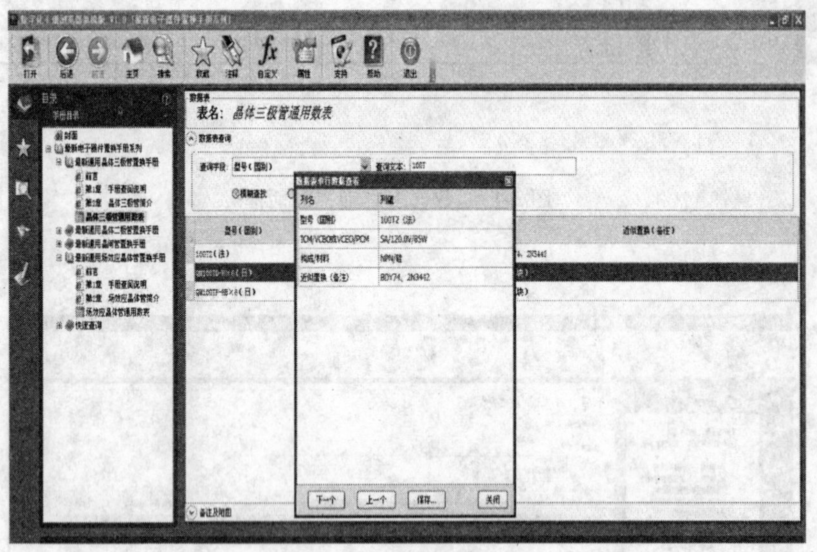

图 3-7 “查询结果”保存

3.3 快速查询

手册左边目录树最后一行为“快速查询”按钮，点击该按钮，切换到手册“快速查询”界面，前面介绍的数据查询功能是针对一个特定的数据表中的内容进行查询，这里的快速查询是在不需要阅读通用数表中的内容的情况下，实现按照器件型号或者器件参数范围的快速查询功能。

该界面中可选择需要查询的器件类型，同时也可选择查询方式，包括按照器件型号和按参数范围两种查询方式，其中，按照器件型号查询的方法也有精确和模糊两种，其“查询界面”如图 3-8 所示。按照参数范围查询的“查询界面”如图 3-9 所示。

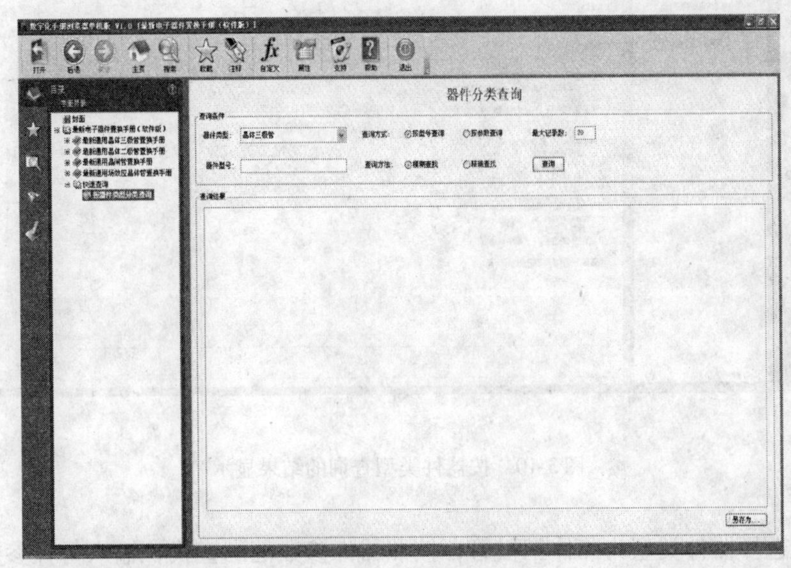

图 3-8　按器件型号查询的界面

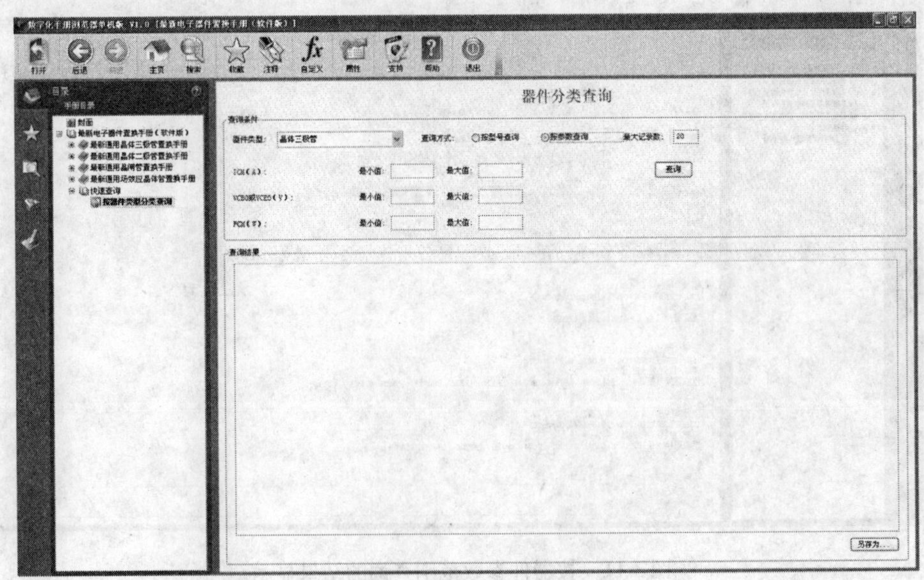

图 3-9　按器件参数范围查询的界面

例如，选择器件类型为晶体三极管，按照参数范围查询，精确查找，输入器件型号为“100T”，点击查询，得到结果如图 3-10 所示

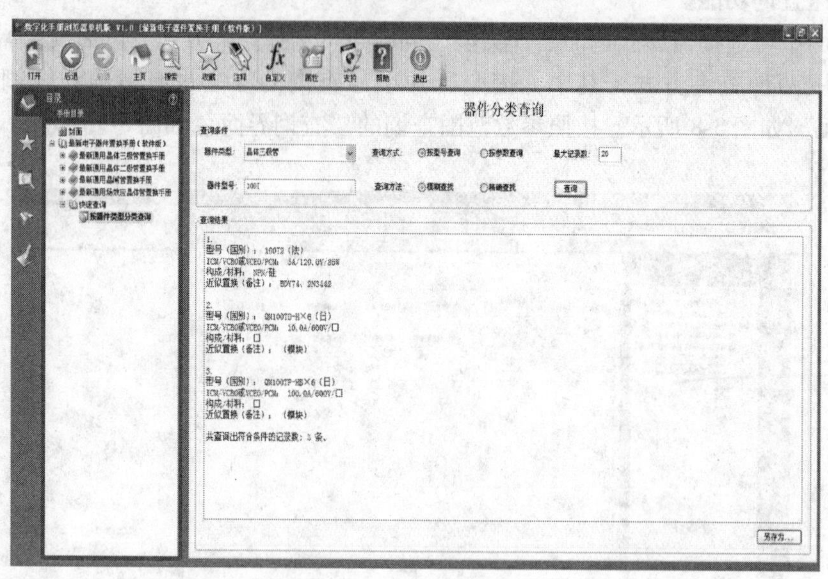

图 3-10　按器件类型查询的结果显示

例如，选择器件类型为晶体三极管，按照器件参数范围查找，输入每种参数的最小值和最大值，给定上下限后，点击查询，得到结果如图 3-11 所示。

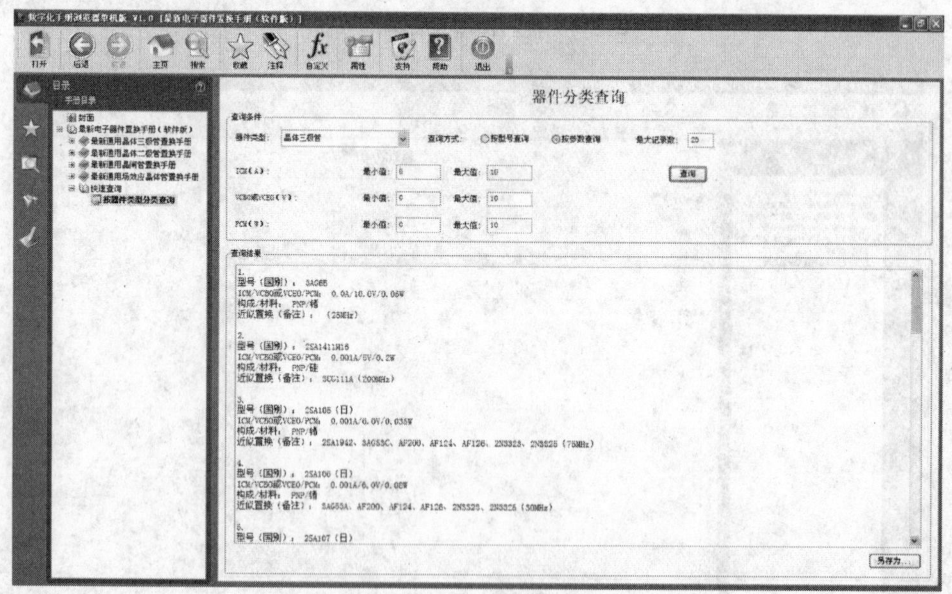

图 3-11　按器件参数范围查询的结果显示

查询结果显示条数默认是 20 条，当查询结果较多时，可以修改最大记录数，以显示所有符合查询要求的结果。查询结果可以导出，点击右下方的“另存为”，选择“另存为”的目的文件夹，就能同时保存符合查询要求的数条器件信息，如图 3-12 所示。

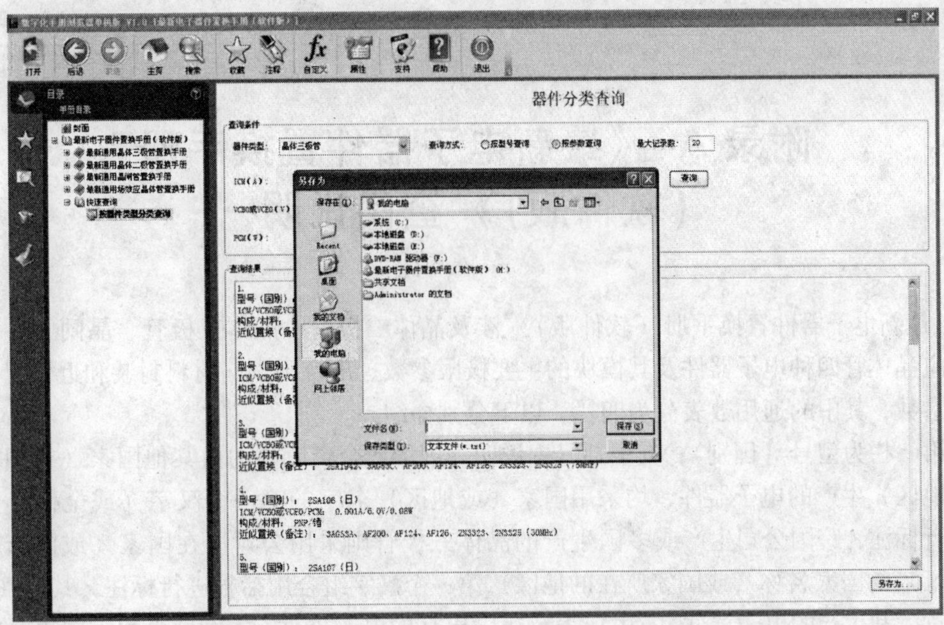

图 3-12　快速查询结果导出对话框

附录A 《最新电子器件置换手册（软件版）》查阅说明

《最新电子器件置换手册（软件版）》涉及晶体二极管、晶体三极管、晶闸管、以及场效应晶体管四种电子器件及其模块的主要极限参数、出产国别、材料封装和近似置换等实用参数，其中的通用数表分为四栏，以下分别介绍。

第一栏为型号（国别），其中括号中说明除国产或合资以外的由其他国家（或国家所在的地区）生产的电子器件，均采用国家（或地区）名字的第一个汉字（或全称）用括号进行标注，跨国公司生产或多国生产的晶体三极管则采用公司所在国家（或国家所在的地区）的国家名称（或国家所在的地区）第一个汉字组合用括号进行标注，其中（意）表示意大利生产的电子器件，（法）表示法国出品的电子器件，（美）表示美国出品的电子器件，（英）表示英国出品的电子器件，（荷）表示荷兰出品的电子器件，（德）表示德国出品的电子器件，（日）表示日本出品的电子器件，（荷）表示荷兰出品的电子器件，（西）表示西班牙出品的电子器件，（瑞）表示瑞典出品的电子器件，（波）表示波兰出品的电子器件，（韩）表示韩国出品的电子器件，（印）表示印度出品的电子器件、（丹）表示丹麦出品的电子器件，（欧）表示欧洲出品的电子器件，（俄）表示俄罗斯出品的电子器件，（捷）表示捷克出品的电子器件，（新）表示新加坡出品的电子器件等。所有器件型号均按首字母或首数字递增的顺序进行排列，首字母或首数字相同的再根据其后的字母和数字递增排序，以此类推，也即采用计算机自动排序。

第二栏为关键参数。

对于晶体二极管，关键参数为 I_Z 或 I_O 或 I_F 或 I_M（I_{FM}或 I_{FSM}）/V_{RWM}或 V_{RRM}或 V_{PRV}或 V_Z/P_W 或 P_D 或 P_{ZM}，即标志二极管正常或极限工作条件时的典型参数，其中，I_Z 表示稳压二极管稳定电压的电流；I_O 表示二极管的最大正向平均电流；I_F 表示二极管的正向平均电流，又称额定正向电流；I_M 表示二极管正常温升情况下极限工作电流；I_{FM}表示二极管最大正向浪涌电流；I_{FSM}表示为二极管的最大浪涌电流；V_{RWM}表示二极管的极限工作电压；V_{RRM}表示二极管反向重复峰值电压，V_{PRV}表示二极管最大反向重复峰值电压（有些厂家直接标为 PRV、P_{RV}或 PR_V），V_Z 表示稳压二极管的稳定电压或基准电压；P_W 表示室温25℃、无散热片时二极管连续工作的极限散耗功率，P_D 和 P_{ZM} 均表示二极管的最大耗散功率。

由于晶体二极管的参数多而复杂，且部分晶体二极管因各厂家资料不统一，同一个参数，其表示方法也不尽相同，故本书对部分参数单独进行了列举，以体现参数的细微差别，各参数含义如下：

①电流参数：I_{FAV}或 I_{FAVM}或 $I_{(AV)}$ 均表示额定正向平均电流；I_{PPM}表示最大峰值脉冲电流；I_{PP}表示二极管的峰值脉冲电流；I_P 表示为二极管的峰值电流；I_D 表示二极管的反向

漏电流；I_R 表示二极管的反向饱和电流；I_{TRM}表示正常工作状态的重复峰值电流；I_{BO}表示二极管损坏的极限电流；I_{TEST}或 I_{Ztest}或 I_T 均表示二极管的测试电流；I_{ZT}表示稳压二极管的齐纳测试电流；I_P 表示二极管的调整电流。

②电压参数：V_{WM}表示二极管的关态工作电压；V_R 或 V_{RM}表示二极管的最大重复峰值反向电压，V_{FM}表示二极管的最大正向电压；V_{BR}表示二极管的击穿电压；$V_{(BR)R}$表示二极管的反向击穿电压；V_C 或 V_{CL}表示二极管的钳位电压；V_{RMS}表示最大方均根电压；V_{DC}表示二极管最大反向直流电压；V_{BO}表示二极管的转折电压；V_S 表示二极管的通向电压（信号电压）或稳流管稳定电流下的电压；V_{ZT}表示稳压二极管的齐纳测试电压。

③功率参数：P_F 为二极管正向耗散功率；P_{tot}为二极管总耗散功率；P_{PPM}或 P_{PP}表示二极管的最高脉冲功率；P_{PK}表示二极管的最高脉冲耗散功率；P_{ZSM}表示二极管的不重复最大耗散功率；P_{ZRM}表示二极管重复的最大反向耗散功率；P_{DM}表示二极管最大的耗散功率；P_{RSM}表示不重复的最大反向散耗功率；P_V 表示耗散功率；$P_{M(AV)}$ 表示稳定状态的耗散功率。

④其他参数：t_{rr}表示二极管的最大反向恢复时间；T_A 表示二极管的环境温度；T_C 表示二极管的管壳温度；t_d 表示二极管的工作持续时间；t_p 表示二极管的脉冲持续时间；t_{fr}表示二极管的正向恢复时间；T_J 表示二极管的结温；T_L 表示二极管的引线温度。

对于晶体三极管，关键参数为 I_{CM}/V_{CBO}或 V_{CEO}/P_{CM}，即标志晶体三极管正常或极限工作条件的典型参数。其中，I_{CM}表示晶体三极管正常温升情况下通过集电极的最大电流，V_{CBO}或 V_{CEO}分别表示晶体三极管基极接地或发射极接地时加到集电极与基极或发射极之间的最高反向电压，P_{CM}表示在室温（25℃）环境下无散热片的晶体三极管集电极最大允许耗散功率，不在该温度下的参数则在备注中进行说明。

对于晶闸管，关键参数为 I_{GT}或 I_{BO}/V_{RRM}或 $V_{DRM}/V_{GT}/I_T$，即标志晶闸管正常或极限工作条件的典型参数。其中，I_{GT}或 I_{BO}分别表示在室温 25℃时在阳极和阴极加上一定的电压，晶闸管从断态转为通态的最小门极电流和从关断到导通的最小触发电流；V_{RRM}或 V_{DRM}分别表示晶闸管反向重复峰值电压和断态重复峰态电压；V_{GT}表示门极触发电压，I_T（包括单向晶闸管通态平均电流 $I_{T(AV)}$ 和双向晶闸管通态方均根电流 $I_{T(RMS)}$）表示晶闸管在 40℃以上和规定的冷却条件下额定通态平均电流或通态方均根电流。

对于场效应晶体管，关键参数为 I_D 或 I_{DSS}或 I_C/V_{GS}或 V_{DS}或 V_{DSS}或 V_{CES}/P_D 或 P_C 或 P_{tot}，即表示不同类型的场效应晶体管正常或极限工作条件时的典型参数，本书中不同类型的场效应晶体管将对应不同的参数，不能对应的参数项将在备注中进行标注。其中，I_D一般用来表示结型场效应晶体管正常温升条件下的最大漏极（直流）电流，I_{DSS}一般用来表示绝缘栅场效应晶体管中，栅源极电压 $V_{GS}=0$ 时的最大漏极电流（此时 $I_D=I_{DSS}$），I_C一般用来表示 IGBT（绝缘栅双极型晶体管）晶体管的 C 极在 25℃时的最大电流；V_{DS}或 V_{GS}一般用来分别表示结型场效应晶体管的漏-源或栅-源极极限（直流）电压，V_{DSS}一般用来表示绝缘栅型场效应晶体管的源极接地，栅极对地短路，漏-源极之间在指定条件下的最高耐压，V_{CES}一般用来表示 IGBT 的集电极-发射极的电压，P_D 表示室温（25℃）无散热片场效应晶体管连续工作的漏极极限散耗功率，P_C 表示在 25℃时 IGBT 的 C 极最大耗散功率，P_{tot}表示场效应晶体管在 25℃时无散热片连续工作时的总耗散功率。

第三栏的内容，四种器件各有些差异，对于晶体二极管，第三栏为近似置换（备注），该栏主要介绍能直接替换或近似替换的二极管的型号，读者应根据实际检测情况进行替换。对于晶体三极管，第三栏为构成或材料，表示晶体三极管的极性构成和所用的材料。对于晶闸管，第三栏为功能或用途，主要对晶闸管的特殊功能、极性或用途进行标注，未标注的则大多为普通晶闸管。对于场效应晶体管，第三栏为材料或类别，表示场效应晶体管所用的材料、沟道或所属的类别。

第四栏的内容，除了晶体二极管以外的三种器件为器件近似置换型号，该栏主要介绍能直接替换或近似替换的器件型号，有些可能存在引脚差异、各项参数的差异，则不能直接替换，应根据实际情况进行替换。备注用括号说明，主要用来说明原型号器件（注：不是置换的型号）的特征工作频率、特殊结构构成，特殊封装形式和特殊用途等需要特殊标明的相关信息。

附录 B　常用电子器件的简介

B.1　晶体二极管简介

晶体二极管又称为半导体二极管（Semiconductor Diode），简称二极管，它是一种由半导体材料制成的，具有单向导电特性的两极器件。所谓单向导电性，即电流只能从二极管的正极流向负极。在正向电压的作用下导通电阻很小，而在反向电压的作用下，其导通电阻极大或无穷大。

晶体二极管在电路中常用文字符号“VD”或“V”（国外电路图中也有用“D”表示的）加数字表示，如 VD5 表示编号为 5 的二极管。严格的说，晶体二极管是一个非线性器件。它是一个由 P 型半导体和 N 型半导体形成的 PN 结，在界面处两侧形成空间电荷层，有自建电场。当没有外加电压时，由于 PN 结两边的载流子浓度差引起的扩散电流和自建电场引起的漂移电流相等，这样就处于电平衡状态。当施加正向电压时，外界电场和自建电场的互相抑制作用使载流子的扩散电流增加引起了正向电流。当施加反向电压时，外界电场和自建电场进一步加强，形成在一定反向电压范围内与反向偏置电压值无关的反向饱和电流。当外加的反向电压增高到一定程度时，P-N 结空间电荷层中的电场强度达到临界值产生载流子的倍增过程，出现了大量的电子空穴对，产生了数值很大的反向击穿电流，这就是二极管的击穿现象。

下面通过简单的实验说明晶体二极管的正向特性和反向特性。

（1）正向特性

在电子电路中，将二极管的正极接高电位端、负极接低电位端，二极管就会导通，这种连接方式称为正向偏置。需指出的是，加在二极管两端的正向电压应达到某一数值（称为“门槛电压”）后，二极管才能真正导通。导通后，二极管两端的电压基本上保持不变，该电压称为二极管的正向压降。

（2）反向特性

在电子电路中，二极管的正极接低电位端、负极接高电位端，此时二极管处于截止状态，这种连接方式称为反向偏置。二极管处于反向偏置时，仍然会有微弱的反向电流流过，该电流称为漏电流。当二极管两端的反向电压增大到某一数值时，反向电流会急剧增大，二极管将失去单方向导电特性，这种状态称为二极管的击穿现象。

B. 1. 1 晶体二极管的分类

1. 根据外形分类

晶体二极管按照外形分为圆形、方形、矩形、三角形和组合形等多种。

2. 根据制作材料分类

晶体二极管按照制作材料主要分为锗二极管、硅二极管和砷化镓二极管三种。

3. 根据封装结构分类

晶体二极管按照封装结构分为金属封装、陶瓷封装、塑料封装、玻璃封装（如玻球封装、玻璃钝化封装）、树脂封装、压装和无引线表面贴片封装等。

4. 根据电流容量分类

晶体二极管按其电流容量可分为大功率二极管（电流为5A以上）、中功率二极管（电流在1~5A）和小功率二极管（电流在1A以下）。

5. 根据工作频率分类

晶体二极管根据其工作频率可分为高频二极管和低频二极管。

6. 根据管芯构造分类

根据PN结构造面的特点，晶体二极管可分为点接触型二极管、合金型二极管、键型二极管、扩散型二极管、台面型二极管、平面型二极管、外延型二极管等。

点接触型二极管是在锗或硅材料的单晶片上压入一根金属针后，再通过电流法而形成的二极管。其性能特点是：PN结的静电容量小，不能用在大电流电路和整流工作状态。

合金型二极管是在N型锗或硅的单晶片上，通过压入合金铟、铝等金属的方法制作PN结而形成的二极管。其性能特点是：正向压降小，但PN结的反向静电容量较大，故适用于大电流整流电路，不适用于高频检波和高频整流电路。

键型二极管介于点接触型二极管和合金型二极管之间，它又可分为金键型（在锗或硅的单晶片上采用熔接金丝而形成）和银键型（在锗或硅的单晶片上采用熔接银丝而形成）两种。其性能特点是：正向特性较好，常用作开关二极管和小电流整流、检波二极管。

扩散型二极管是利用在高温P型杂质气体中加入N型锗或硅的单晶片，使单晶片表面的一部分变成P型的方法制作PN结，从而形成二极管。其性能特点是：PN结正向压降小，常用作大电流整流二极管。

台面型二极管的PN结制作方法与扩散型基本相似，它只保留PN结及其必要的部分，把不必要的部分用药品腐蚀掉，使剩余的部分呈现出台面形，因此又称扩散台面型二极管。它常用作小电流开关二极管。

平面型二极管是在半导体单晶片上扩散P型杂质，利用硅片表面氧化膜的屏蔽作用，在N型硅单晶片上仅选择性地扩散一部分制作PN结，从而形成的二极管。早期使用的半导体材料有些是采用外延法形成的，故又将平面型称为外延平面型。它常用作小电流的开关二极管。

外延型二极管是用外延结面长度的过程中制造PN结而形成的二极管。在制造过程中能随意地控制杂质的不同浓度分布，形成可变的结间电容。常用作高灵敏度的变容二极管。

7. 根据用途及功能分类

晶体二极管按其用途可分为：普通二极管和特殊二极管。普通二极管包括整流二极管、检波二极管、稳压二极管、开关二极管、快速二极管等；特殊二极管包括变容二极管、发光二极管、光敏二极管、隧道二极管、触发二极管等。

二极管按其功能可分为普通二极管、精密二极管、整流二极管、检波二极管、开关二极管、高速开关二极管、超高速开关二极管、阻尼二极管、续流二极管、稳压二极管、发光二极管、激光二极管、光敏二极管、变容二极管、双向击穿二极管、瞬态电压抑制二极管、磁敏二极管、肖特基二极管、温度效应二极管、江崎二极管、PIN二极管、雪崩二极管、双向触发二极管（其工作原理与晶闸管相同，故在《最新通用晶闸管置换手册》中进行介绍)、体效应（又称耿氏）二极管、恒流二极管、双基极二极管等多种。以下对常用二极管进行具体说明：

(1) 整流二极管

将交流电整流成为直流电流的二极管叫作整流二极管，它是面结合型的功率器件，因结电容大，故工作频率低。通常情况下，I_F（最大平均整流电流）在1A以上的二极管采用金属壳封装，以利于散热；I_F在1A以下的采用全塑料封装，由于近代工艺技术不断提高，国外出现了不少较大功率的管子也采用塑封形式。

(2) 检波二极管

检波二极管是用于把叠加在高频载波上的低频信号检出来的器件，它具有较高的检波效率和良好的频率特性。类似点接触型检波用的二极管，除用于检波外，还能够用于限幅、削波、调制、混频和开关等电路。

(3) 开关二极管

在脉冲数字电路中，用于接通和关断电路的二极管叫开关二极管。它是利用其单向导电特性使其成为一个较理想的电子开关，不仅能满足普通二极管的性能指标要求，还具有良好的高频开关特性。

开关二极管分为普通开关二极管、高速开关二极管、超高速开关二极管、低功耗开关二极管、高反压开关二极管及硅电压开关二极管等，常见的封装形式有塑料封装和表面封装两种。

(4) 稳压二极管

稳压二极管是利用PN结反向击穿特性所表现出的稳压性能制成的器件。稳压二极管又称齐纳二极管或反向击穿二极管，简称稳压管，是由硅材料制成的面结合型晶体二极管。它既具有普通二极管的单向导电特性，又可工作于反向击穿状态。在反向电压较低时，稳压二极管截止，稳压二极管是代替真空稳压二极管的产品，它利用 PN 结反向击穿时的电压基本上不随电流的变化而变化的特点，来达到稳压的目的。

稳压二极管根据其封装形式可分为金属外壳封装稳压二极管、玻璃封装（简称玻封）稳压二极管和塑料封装（简称塑封）稳压二极管。塑封稳压二极管又分为有引线型和表面（贴片）封装两种类型。

（5）发光二极管

发光二极管简称 LED（Light Emitting Diode），是一种由磷化镓（GaP）等半导体材料制成的，能直接将电能转变为可见光和辐射能的发光器件。它与普通二极管一样由 PN 结构成，也具有单向导电性，广泛应用于各种电子仪器和电子设备中，可作为电源指示、电平指示或微光源之用。

发光二极管的种类较多，常见的分类方法如下：

按使用材料分为磷化镓（GaP）发光二极管、磷砷化镓（GaAsP）发光二极管、砷化镓（GaAs）发光二极管、磷铟砷化镓（GaAsInP）发光二极管和砷铝化镓（GaAlAs）发光二极管等等。

按发光颜色分为有色光和红外光，有色光包括红色光、黄色光、橙色光、绿色光等。

按封装形式分加色散射封装（D）、无色散射封装（W）、有色透明封装（C）和无色透明封装（T）。

按功能特性分普通单色发光二极管、变色发光二极管、高亮度发光二极管、超高亮度发光二极管、闪烁发光二极管、电压控制型发光二极管、红外发光二极管和负阻发光二极管等。其中，变色发光二极管是指能变换发光颜色的发光二极管，它按颜色种类又可分为双色发光二极管、三色发光二极管和多色发光二极管；按引脚数量分为二端变色发光二极管、三端变色发光二极管、四端变色发光二极管和六端变色发光二极管。

（6）激光二极管

从本质上讲，激光二极管（Laser Diodes，LD）就是一个在正向电流激励条件下的半导体发光器件。

目前，在光通讯领域大量使用的有两种激光二极管：法布里-珀罗激光二极管（Fabry-Perot，FP）激光二极管和分布反馈（Distributed Feedback，DFB）激光二极管。二者的区别主要表现在输出光特性的不同，FP 激光二极管能够产生包含有若干种离散波长的光，而 DFB 激光二极管则发出具有额定波长的光。由于 WDM（波分复用）技术要求具有多种不同波长的光信号同时进行传输，因此在现今所有的 WDM 系统中均使用 DFB 激光二极管。而 FP 激光二极管则大多用于那种一个光纤通路对应一个收发器（Transceiver）的系统。

（7）变容二极管

变容二极管（Variable-Capacitance Diode，VCD）又称为变容器或调节二极管，它是利用 PN 结的电容随外加偏压而变化这一特性制成的非线性电容元件，被广泛地用于参量放大器、电子调谐及倍频器等微波电路中。变容二极管按照 PN 结的结构和结面附近杂质的分布情况不同，可以分成缓变结、突变结和超变结三种类型。其中缓变结变容二极管的容量变化速率最慢，超变结变容二极管的容量变化速率最快。

从本质上讲，变容二极管属于反偏压二极管，改变其 PN 结上的反向偏压，即可改变 PN 结的电容量。反向偏压越高，结电容就越少，反向偏压与结电容之间的关系是非线性的。

（8）PIN 型二极管

PIN 型二极管（PIN Diode）是在 P 区和 N 区之间夹一层本征半导体（硅和锗的单晶体）或低浓度杂质的半导体构造而成的晶体二极管，PIN 中的 I 是本征意义的英文略语。实际应用时，可以把 PIN 二极管作为可变阻抗元件使用，常用于高频开关、移相、调制和限幅等电路中。

（9）雪崩二极管

雪崩二极管（Avalanche Diode）又称碰撞雪崩渡越时间二极管，是一种在外加电压作用下可以产生超高频振荡的半导体二极管。它常被应用于微波领域的振荡电路中。

（10）江崎二极管

江崎二极管（Tunnel Diode）又称隧道二极管，它是一种具有负阻特性的双端子有源器件。目前主要用掺杂浓度较高的锗或砷化镓制成，隧道电流由这些半导体的量子力学效应产生。江崎二极管具有开关、振荡和放大等作用，可应用于低噪声高频放大器、高频振荡器及高速开关电路中。

（11）肖特基二极管

肖特基二极管（Schottky Barrier Diode，SBD）又称为肖特基势垒二极管，它是具有肖特基特性的金属半导体结的二极管。肖特基二极管以贵金属（金、银、铝、铂等）为正极、N 型半导体为负极，利用二者接触面上形成的势垒具有整流特性而制成的。这种器件是由多数载流子导电的，所以其反向饱和电流较由少数载流子导电的 PN 结大得多。

肖特基二极管的特点是耐压比较低，反向漏电流比较大。通常应用在功率变换电路中的肖特基二极管大多是耐压在 150V 以下，平均电流在 100A 以下，反向恢复时间在 10 ~ 40ns。总之，肖特基二极管应用在高频低压电路中比较理想。

肖特基二极管有点触式（点接触型）和面触式（面接触型）两种。其中，点触式主要应用在微波通信电路中作为混频器或检波器用，而面触式主要应用在开关电源及其保护电路中作为高频低压大电流整流或续流功能。

另外，肖特基二极管还有单管式和对管（双二极管）式两种封装结构。其中，肖特基对管又有共阴极型（两管的负极相连）、共阳极型（两管的正极相连）和串联型（一只二极管的正极接另一只二极管的负极）三种引脚引出方式。

（12）恒流二极管

恒流二极管简称 CRD，是用来稳定电流的二极管，又称稳流二极管。它可以在较宽的电压变化范围内提供恒定不变的电流，因此在各种放大电路、振荡电路及稳压电源电路中作为恒流源或恒流偏置器件。

（13）双基极二极管

双基极二极管又称单结晶体管，它是一种具有两个基极、一个发射极的三端负阻器件，具有频率易调、温度稳定性较好等特点。

8. 根据特性分类

点接触型晶体二极管，按正向和反向特性可分为一般点接触型、高反向耐压点接触型、高反向电阻点接触型和高传导点接触型等四种类型。

一般点接触型二极管是正向和反向特性既不特别好、也不特别坏的中间产品，常用于检波和整流电路中，如 SD46、1N34A 等。

高反向耐压点接触型二极管是最大峰值反向电压和最大直流反向电压很高的产品，常用于高压电路的检波和整流，如 SD38、1N38A 等。

高反向电阻点接触型二极管的正向电压特性和一般用二极管相同，其反向电阻高，常用于高输入电阻的电路和高负荷电阻的电路中，如 SD54、1N54A 等。

高传导点接触型二极管与高反向电阻型相反，其反向特性尽管很差，但其正向电阻很小，如 SD56、1N56A 等。

9. 根据反向恢复时间

二极管从导通到反向截止的恢复时间是不一样的，由此可将二极管分为普通二极管（就是普通恢复二极管）和快速二极管。快速二极管的工作原理与普通二极管是相同的，普通二极管工作在开关状态下的反向恢复时间较长（一般为 4 ~ 5ms），在高频电路中不适用。快速二极管的反向恢复时间较短（一般在 5μs 以下），常用于高频整流、高频开关、高频阻容吸收和逆变等电路中，以弥补普通二极管的不足。

快速二极管是个表征二极管开关速度的总概念。常见的快恢复二极管、超快恢复二极管和肖特基二极管均属于快速二极管。在商业领域，根据快速二极管的反向恢复时间的长短，还分化出了超快速二极管、特快速二极管、最快速二极管、高速二极管、超高速二极管、最高速二极管等定性的商业概念，实质上就是指其反向恢复时间特别短。

二极管根据反向恢复的时间的不同可分为普通恢复、快恢复和超快恢复三种，其中，快恢复和超快恢复二极管属于快速二极管。快恢复二极管的内部结构与普通 PN 结二极管不同，工艺上多采用掺金措施，结构上大多数采用改进的 PIN 结构，即在 P 型硅材料与 N 型硅材料中间增加了基区 I，构成 PIN 硅片。因基区很薄，反向恢复电荷很小，所以快恢复二极管的反向恢复时间较短（一般在 5μs 以下），正向压降较低。超快恢复二极管的反向恢复时间更短，一般在 100ns 以下。

B. 1. 2　晶体二极管的命名

1. 国产晶体二极管的命名

国产晶体二极管的型号命名主要由五部分组成，第一部分用数字表示器件电极数目、第二部分用拼音字母表示器件的材料和极性、第三部分用拼音字母表示器件的类型、第四部分用数字表示序号、第五部分用字母表示区别代号，各部分的符号及其意义如表 B. 1-1 所示。

表 B. 1-1　晶体二极管型号命名各部分的符号及意义

<table>
<tr><th colspan="2">第一部分</th><th colspan="2">第二部分</th><th colspan="2">第三部分</th><th colspan="2">第四部分</th><th colspan="2">第五部分</th></tr>
<tr><th>符号</th><th>意义</th><th>符号</th><th>意义</th><th>符号</th><th>意义</th><th>符号</th><th>意义</th><th>符号</th><th>意义</th></tr>
<tr><td rowspan="4">2</td><td rowspan="4">二极管</td><td>A</td><td>N 型、锗材料</td><td>P</td><td>普通管</td><td rowspan="4">X</td><td rowspan="4">低频小功率管</td><td rowspan="4">A</td><td rowspan="4">高频大功率管</td></tr>
<tr><td>B</td><td>P 型、锗材料</td><td>V</td><td>微波管</td></tr>
<tr><td>C</td><td>N 型、硅材料</td><td>W</td><td>稳压管</td></tr>
<tr><td>D</td><td>P 型、硅材料</td><td>C</td><td>参量管</td></tr>
</table>

2. 日本产晶体二极管的命名

日本产晶体二极管型号的命名由五到七部分组成，一般只用到前五个部分。第一部分用数字表示器件有效电极数目或类型，如 1 表示二极管；第二部分为日本电子工业协会（EIAJ）注册标志；第三部分用字母表示器件使用材料极性和类型；第四部分用数字表示在日本电子工业协会（EIAJ）登记的顺序号；第五部分用字母表示同一型号的改进型产品标志，如 A、B、C、D 表示这一器件是原型号产品的改进产品。

3. 美国产晶体二极管的命名

美国产晶体二极管的命名较混乱，一般由五个部分组成：第一部分用符号表示器件用途的类型；第二部分用数字表示晶体二极管的 PN 结数目；第三部分为美国电子工业协会（EIA）注册标志；第四部分为美国电子工业协会登记顺序号；第五部分用字母对同一类型的器件进行分档。

4. 欧洲国家产晶体二极管的命名

欧洲国家大多采用国际电子联合会半导体器件的命名方法，这种命名方法由四个基本部分组成：第一部分用字母表示器件使用的材料，如 A 表示器件使用锗材料、B 表示器件使用的硅材料；第二部分用字母表示器件的类型及主要特征，如 A 表示检波开关混频二极管、B 表示变容二极管、X 表示倍增二极管、Y 表示整流二极管、Z 表示稳压二极管；第三部分用数字或字母加数字表示登记序号；第四部分用字母对同一类型的器件进行分档。

除以上四个基本部分外，有时还加后缀，以区别特性或进一步分类。常见后缀有以下几种：

第一种是稳压二极管型号的后缀，稳压二极管型号的后缀分三个部分，第一部分是一个字母，表示稳定电压值的容许误差范围，字母 A、B、C、D 分别表示容许误差为 ±1%、±2%、±5%、±15%；第二部分是数字，表示标称稳定电压的整数数值；第三部分是字母 V，代表小数点，字母 V 之后的数字为标称稳压管稳定电压的小数值。

第二种是整流二极管的后缀，整流二极管型号的后缀是数字，表示器件的最大反向峰值耐压值。

B.1.3 晶体二极管主要参数

描述二极管特性的物理量称为二极管的参数，它是反映二极管电性能的质量指标，是合理选择和使用二极管的主要依据。在半导体器件手册或生产厂家的产品目录中，对各种型号的二极管均用表格列出其参数。本书将主要介绍以下二极管的性能参数：

1. 最大平均整流电流 I_F

最大平均整流电流又称额定整流电流，它是二极管在正常连续工作时，允许通过的最大正向平均电流。实际应用中，此参数与PN结的面积、材料及散热条件有关。因为电流通过二极管时会使管芯发热，温度上升，如果正向电流越过此值，就会使管芯过热而烧坏。所以使用二极管整流时，流过二极管的正向电流（即输出直流电流）不允许超过最大整流电流。

2. 最大平均整流电流 I_O

I_0 是指在半波整流电路中，流过负载电阻的平均整流电流的最大值。在设计整流电路时这是一个非常重要的电流值。

3. 最大浪涌电流 I_{FSM}

I_{FSM}是二极管允许流过的过量的正向电流。它不是正常电流，而是瞬间电流，这个值比正常值要大很多。

4. 反向电流 I_R

反向电流是指二极管在规定的温度和最大反向电压的作用下，流过二极管的反向电流值。此参数反映了二极管单向导电性能的好坏，其数值越低，则表明二极管质量越好。需注意的是，反向电流与温度有着密切的关系，大约温度每升高10℃，反向电流增大一倍。一般来说，硅二极管比锗二极管在高温下具有更好的稳定性。

5. 反向峰值电压 V_{RM}

在电子电路中，即使没有反向电流，只要不断地提高反向电压，二极管也会损坏。这种能加上的反向电压，不是瞬时电压，而是反复加上的正反向电压。最大反向峰值电压V_{RM}就是指为避免二极管在没有反向电流的情况下被击穿所能加的最大反向电压。目前二极管最高的 V_{RM}值可达数千伏。对于交流电来说，最大反向峰值电压也就是二极管的最高工作电压。

6. 反向直流电压 V_R

与 V_{RM}不同的是，V_R 是连续给二极管加反向直流电压时不被击穿的最大值。在电路设计中，V_R 对于确定二极管的允许值和上限值是非常重要的。反向直流电压约为击穿电压的一半，以确保二极管的安全运行。

7. 正向电压降 V_F

二极管通过额定正向电流时，在两极之间所产生的电压降称为正向电压降 V_F。

8. 结电容 C_j

结电容又称极间电容，它包括势垒电容和扩散电容，在高频场合下使用时必须考虑结电容的影响。二极管在不同的工作状态下，其结电容产生的影响也不同。

9. 反向恢复时间 t_{rr}

当工作电压从正向电压变成反向电压时，从理论上讲，二极管的电流能瞬时截止，但实际上是做不到的。决定这个电流截止延时的时间数量，就是反向恢复时间 t_{rr}，t_{rr}就是当二极管由导通突然反向时，反向电流由很大衰减到接近 I_R 时所需要的时间。t_{rr}直接影响二极管的开关速度，当大功率开关二极管工作在高频开关状态时，此项指标是否合理是电路设计中不可忽视的要求。

10. 最高工作频率 f_M

由于二极管 PN 结的结电容存在，当工作频率超过某一值时，它的单向导电性将变差。最高工作频率是指二极管在正常工作时，允许通过交流信号的最高频率。此参数的大小主要由二极管的电容效应来决定。实际应用时，通过二极管电流的频率不要超过f_M，否则二极管将不能正常工作。

11. 稳定电压 V_Z、稳定电流 I_Z

稳定电压和稳定电流是稳压二极管的主要参数。稳定电压 V_Z 是二极管在正常工作时管子两端的电压值，它随工作电流和温度的不同略有改变。通常同一型号的稳压二极管，其稳定电压值也有一定的分散性。

稳压管还有一个重要的温度系统参数，它与 V_Z 有关，稳压管的稳压值 V_Z 的温度系数在 V_Z 低于 4V 时为负温度系数值，当 V_Z 的值大于 7V 时，其温度系数为正值，当 V_Z 的值在 6V 左右时，其温度系数近似为零。为了生产低温度系数的稳压管，通常是将两只稳压管反向串联，利用两只稳压管处于正反向工作状态时具有正、负不同的温度系数，可得到很好的温度补偿，从而达到使稳压管较低温度系数的目的。

稳定电流 I_Z 是指二极管工作电压等于稳定电压时的反向电流。二极管工作于稳定电压时所需的最小反向电流称为最小稳定电流（I_{Zmin}），二极管允许通过的最大反向电流称为最大稳定电流（I_{Zmax}）。

12. 耗散功率 P

P_W 表示在室温 25℃无散热片时二极管连续工作的极限散耗功率，P_F 为二极管正向耗散功率，P_{tot}为二极管总耗散功率。功率 P 的极限参数对稳压二极管、可变电阻二极管显得特别重要。

B. 1. 4　晶体二极管的结构与符号

1. 晶体二极管的基本结构

常见晶体二极管的外形如图 B. 1-1 所示。

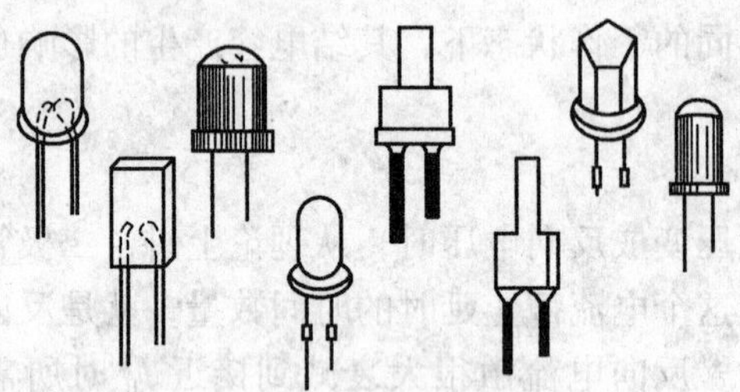

图 B. 1-1　晶体二极管的外形

如图 B. 1-2 所示，在一个 PN 结两端各引一根电极引线并用管壳封装就构成了一个二极管。P 型区的引出线称为正极或阳极，N 型区的引出线称为负极或阴极。

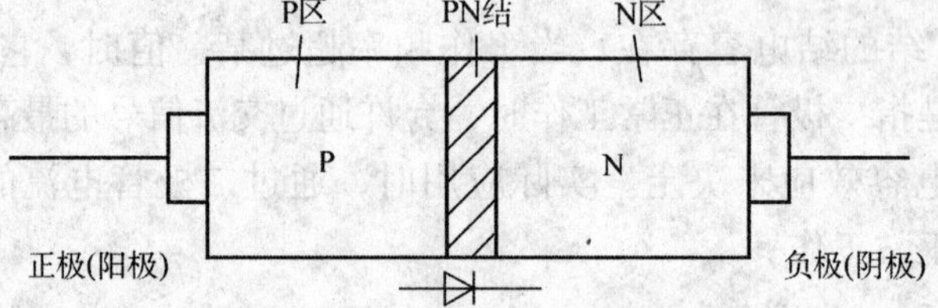

图 B. 1-2　二极管的 PN 结

晶体二极管按其工艺可分为点接触型和面接触型两种。如图 B. 1-3 所示，点接触型二极管是由一根细的金属丝热压在半导体薄片上制成的。在热压处理过程中，半导体薄片与金属丝接触面上形成了一个 PN 结，金属丝为正极，半导体薄片为负极。面接触二极管是利用扩散、合金及外延等掺杂方法，实现 P 型半导体和 N 型半导体直接接触而形成 PN 结的，其内部结构如图 B. 1-4 所示。

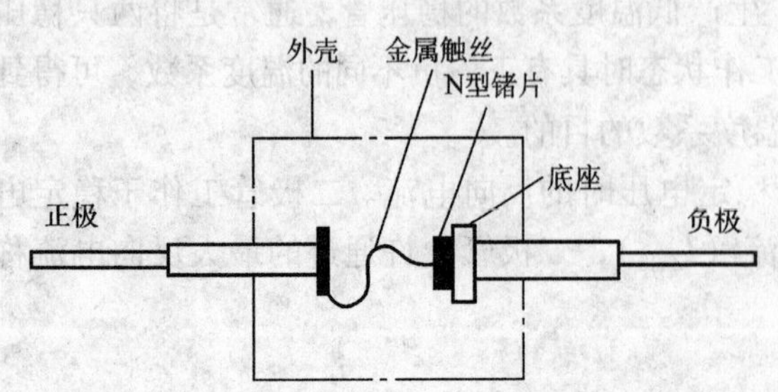

图 B. 1-3　点接触型二极管的结构

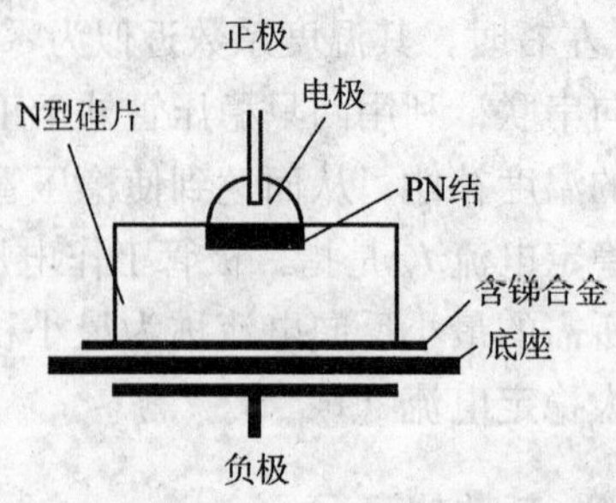

图 B. 1-4　面接触型二极管的结构

2. 晶体二极管的电路图形符号

晶体二极管在电路中常用文字符号“VD”或“V”（国外电路图中也有用“D”表示的）表示，常见晶体二极管的电路图形符号如表 B. 1-2 所示。

表 B. 1-2　常见晶体二极管的电路符号

晶体二极管类型	二极管的电路图形符号	晶体二极管类型	二极管的电路图形符号
一般二极管		热敏二极管	Θ
稳压（又称齐纳）二极管		江崎（隧道）二极管	
发光二极管		双基极二极管	
光敏二极管		双向击穿二极管	
变容二极管		双向二极管	
恒流（稳流）二极管		体效应（耿氏）二极管	
磁敏二极管	×		

3. 其他晶体二极管的结构

（1）发光二极管

常见发光二极管的外形如图 B. 1-5 所示。它的基本结构是一块电致发光的半导体材料，置于一个有引线的架子上，然后四周用环氧树脂密封，起到保护内部芯线的作用。

发光二极管的核心部分是由 P 型半导体和 N 型半导体组成的晶片，在 P 型半导体和 N 型半导体之间有一个过渡层，称为 PN 结。在某些半导体材料的 PN 结中，注入的少数载流子与多数载流子复合时会把多余的能量以光的形式释放出来，从而把电能直接转换为光能。它利用注入式电致发光原理制成，通称为 LED。PN 结加反向电压，少数载流子难以注入，故不发光。当它处于正向工作状态时（即两端加上正向电压），电流从 LED 阳极流向阴极时，半导体晶体就发出从紫外到红外不同颜色的光线，且光的强弱与电流有关。

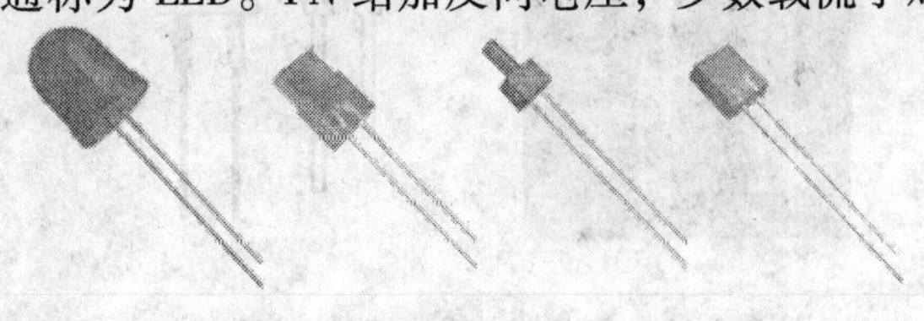

图 B. 1-5　常见发光二极管的外形

（2）变色发光二极管

三端变色发光二极管的外形如图 B. 1-6 所示，电路图形符号如图 B. 1-7 所示。六端变色发光二极管的外形如图 B. 1-8 所示，电路图形符号如图 B. 1-9 所示。

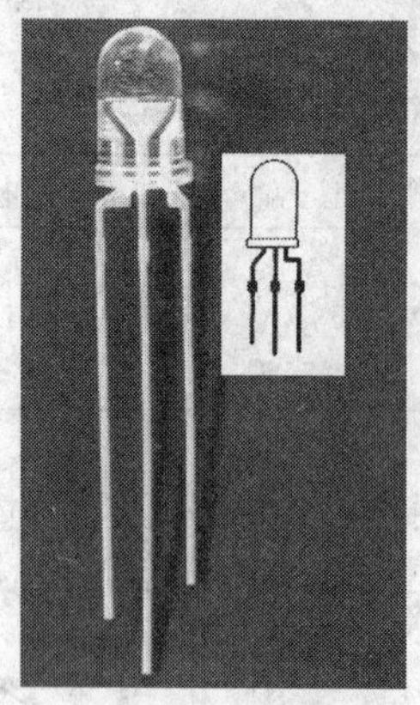

图 B. 1-6 三端变色发光二极管的外形图

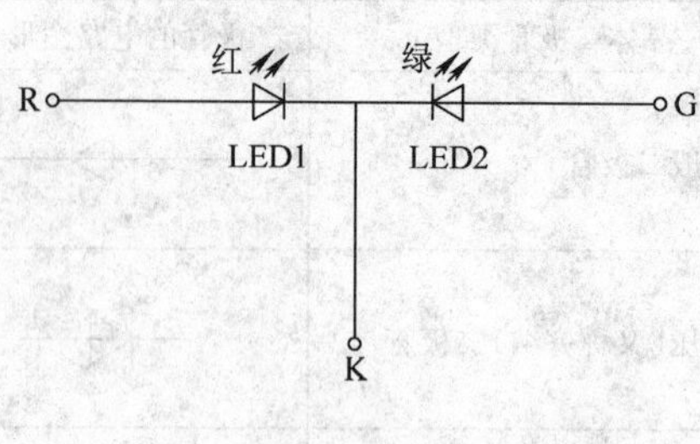

图 B. 1-7 三端变色发光二极管的电路

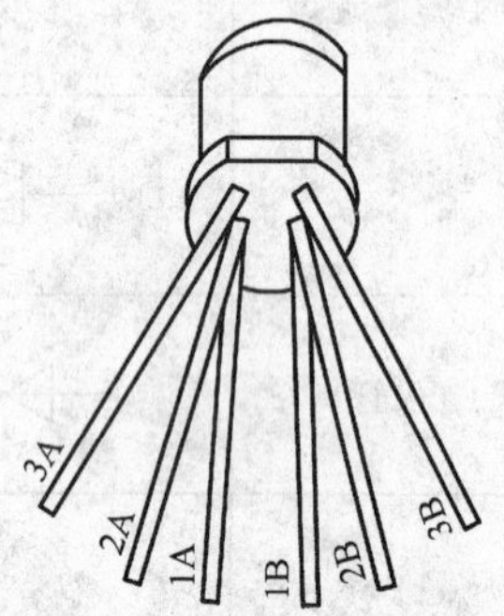

图 B. 1-8 六端变色发光二极管的外形

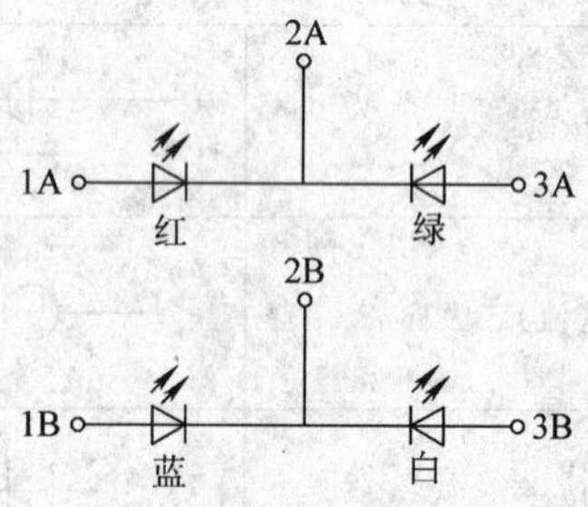

图 B. 1-9 六端变色发光二极管的电路

（3）闪烁发光二极管

闪烁发光二极管（BTV）的外形如图 B. 1-10 所示。闪烁发光二极管的内部结构如图 B. 1-11 所示，它是将普通发光二极管和 CMOS 集成电路集成制作为一体。实际应用时，在闪烁发光二极管引脚两端加上适当的直流工作电压，二极管即可闪烁发光，无须外接其他元件。

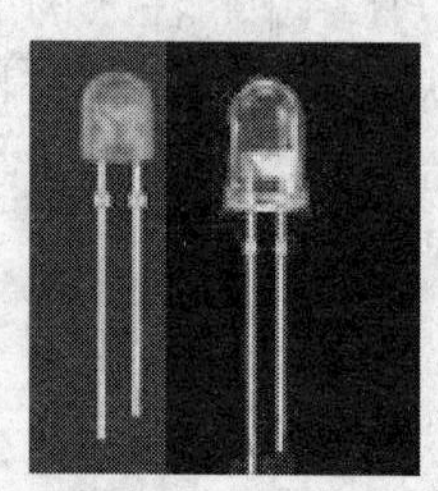

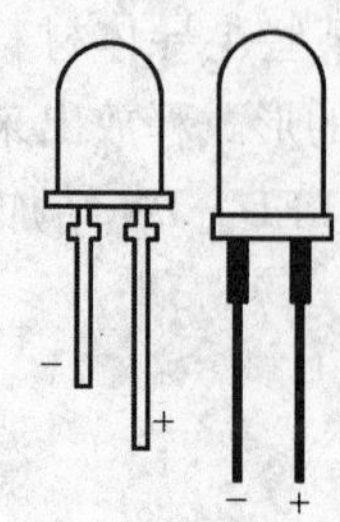

图 B. 1-10 闪烁发光二极管的外形

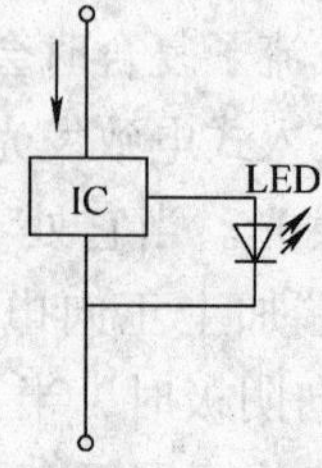

图 B. 1-11 闪烁发光二极管的内部结构

（4）电压控制型发光二极管

电压控制型发光二极管是一种由普通发光二极管和限流电阻集成制作为一体的特殊发光器件，其内部结构如图 B. 1-12 所示。它与普通发光二极管的根本区别是：普通发光二极管属于电流控制型器件，在使用时需串接适当阻值的限流电阻，而电压控制型发光二极管在使用时可直接并接在电源的两端。

（5）双向击穿二极管

双向击穿二极管又称瞬态电压抑制二极管（TVS），其外形及内部结构如图 B. 1-13 所示。它是一种具有双向稳压特性和双向负阻特性的过电压保护器件，类似于压敏电阻器。

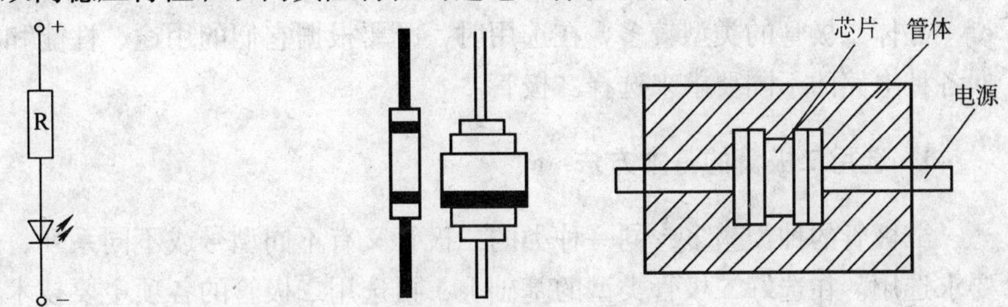

图 B. 1-12　电压控制型发光二极管的内部结构　　图 B. 1-13　双向击穿二极管外形及内部结构

（6）肖特基二极管

如图 B. 1-14 所示，肖特基二极管在结构原理上与 PN 结二极管有很大的区别，它的内部是由阳极金属（用钼或铝等材料制成的阻挡层）、二氧化硅（SiO_2）电场消除材料、N^-外延层（砷材料）、N 型硅基片、N^+阴极层及阴极金属等构成。

肖特基二极管有表面安装（贴片式）和引线两种封装形式。采用表面封装的肖特基二极管有单管型、双管型和三管型等多种封装结构。采用引线式封装的肖特基二极管通常作为高频大电流整流二极管、续流二极管或保护二极管使用。

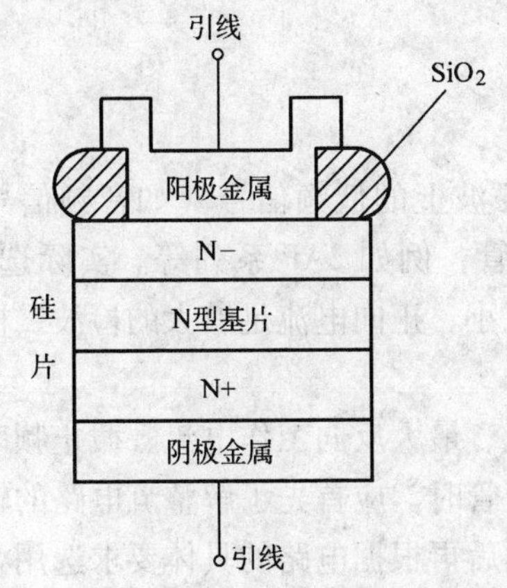

图 B. 1-14　肖特基二极管的内部结构

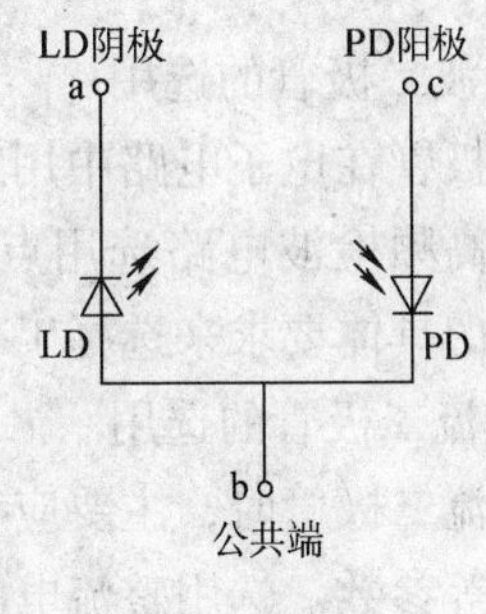

图 B. 1-15　激光二极管的内部结构

（7）激光二极管

激光二极管的物理结构是在发光二极管的 PN 结间安置一层具有光活性的半导体，其端面经过抛光后具有部分反射功能，因而形成了一个光谱振腔。在正向偏置的情况下，

LED 的 PN 结发射光束与光谐振腔相互作用，从而进一步激励 PN 结发射出单波长的光，这种光的物理特性与材料有关。

激光二极管的内部结构如图 B. 1-15 所示，主要由激光发射部分 LD 和激光接收部分 PD 组成。LD 和 PD 两部分又有公共端 b，公共端一般同管子的金属外壳相连，所以激光二极管实际上只有三个引脚 a、b 和 c。

B. 1. 5 晶体二极管的选用

晶体二极管的类型较多，在选用时，既要根据它们的用途、性能和主要参数，又要根据各种电路的不同要求来选择二极管。

1. 选用二极管的基本方法

二极管的种类繁多，同一种类的二极管又有不同型号或不同系列，应根据具体电路的要求选用。在选好二极管类型的基础上，再选用二极管的各项主要技术参数，使这些电参数和特性符合电路要求，并且要注意不同用途的二极管对哪些参数要求更严格。例如选用整流二极管时要注意最大整流电流，还要注意选用的是高频二极管还是低频二极管，选用稳压二极管时要注意反向恢复时间和稳压值。在选用二极管的各项主要参数时，除了从相关的资料和晶体管手册查出相应的参数值满足电路要求后，还应用万用表及其他仪器复测一次，使选用的二极管参数符合要求，并留有一定的裕量。

在上述二极管的种类、型号、参数等均选好以后，再根据电路的要求和使用条件（包括电子设备的内部尺寸）选用二极管的外形、尺寸大小和封装形式。注意检查二极管的外形是否完好无损，引出电极线有无折断，管上标志的规格、型号和极性等是否清楚。最后用万用表和其他方法检测二极管的性能是否良好。

2. 不同二极管的选用方法

（1）检波二极管的选用

检波二极管在电子电路中用来把调制在高频电磁波上的低频信号（如音频信号）检出来，一般高频检波电路选用点接触型锗检波二极管，例如 2AP 系列等。实际选用时，应根据电路的具体要求来选择工作频率高、反向电流小、正向电流足够大的检波二极管。

（2）整流二极管的选用

选用整流二极管时，主要应考虑其最大整流电流、最大反向工作电流、截止频率及反向恢复时间等参数。选用整流电路中使用的整流二极管时，应首先了解整流电路的输入电压、输出电流，整流电路的形式及各项参数值等，然后再根据电路的具体要求选用合适的整流二极管。例如，在串联型电源电路中可选用一般的整流二极管，只要有足够大的整流电流和反向工作电压即可；在低压整流电路中，所选用的整流二极管的正向电压应尽量低；开关型稳压电源，应选用反向恢复时间短的快恢复整流二极管。

（3）稳压二极管的选用

稳压二极管是工作在反向击穿状态下的，使管子两端电压基本保持不变的一种特殊二极管。选用时，应满足应用电路中主要参数的要求。稳压管的稳定电压值应与应用电路的基准电压值相同，其最大稳定电流应高于应用电路的最大负载电流50%左右。目前国产稳压管还有三个电极的，如2DW7型稳压管。这种稳压管是将两个稳压二极管相互对称地封装在一起，其外形很像晶体二极管，选用的时候应注意区别。

使用稳压管时，应注意稳压管的反向电流不能无限增大，否则会导致稳压管的过热损坏。因此，稳压管在电路中一般需串联限流电阻。在选用稳压管时，如果需要稳压值较大的管子而又购买不到，可以用几只稳压值低的管子串联使用；反之，当需要稳压值较低的管子时，也可用普通硅二极管正向导通代替稳压管使用，但稳压管一般不得并联使用。

(4) 开关二极管的选用

选用开关二极管时，应根据应用电路的主要参数（例如正向电流、最高反向电压、反向恢复时间等）来选择开关二极管的具体型号。其中，反向恢复时间这个参数决定了开关时间，选用时要注意此参数的对比，选用更符合要求的开关二极管。通常中速开关电路和检波电路可选用2AK系列普通开关二极管，高速开关电路可选用RLS系列、1SS系列、1N系列、2CK系列的高速开关二极管。

(5) 变容二极管的选用

选用变容二极管时，应着重考虑其工作频率、最高反向工作电压、最大正向电流和零偏压结电容等参数是否符合应用电路的要求。使用变容二极管时，要避免其直流控制电压与振荡电路直流供电系统之间的相互影响，通常采用电感或大电阻来作两者的隔离。另外，变容二极管的工作点要选择合适，即直流反偏压要选择适当。一般要选用相对容量变化大的、反向偏压小的变容二极管。

(6) 发光二极管的选用

选用发光二极管时，要注意其最大正向电流和最大反向电压的限制，应保证不超过此值。另外，由于发光二极管的颜色、尺寸、形状、发光强度及透明情况等不同，所以使用发光二极管时应根据实际需要进行恰当地选择。

使用发光二极管时应注意四点：一是注意引脚的正、负极性；二是注意引脚的排列顺序，并要串接限流电阻，确保发光二极管通过规定的电流；三是使用大功率的砷化镓发光二极管时应注意加装散热片；四是注意保护管壳、管帽的光洁程度，确保透光性能良好。

3. 常见晶体二极管的代换技巧

(1) 检波二极管的代换

检波二极管损坏后，若无同型号二极管更换时，可以选用半导体材料相同、主要参数相近的二极管来代换。在业余条件下，也可用损坏了一个PN结的锗材料高频晶体管进行代用。

(2) 整流二极管的代换

整流二极管损坏后，可以用同型号的整流二极管或参数相似的其它型号整流二极管来代换。通常高耐压值（反向电压）的整流二极管可以代换低耐压值的整流二极管，但低耐压值的整流二极管不能代换高耐压值的整流二极管。另外，整流电流值大的二极管可以代换整流电流值小的二极管，而整流电流值小的二极管则不能代换整流电流值大的二极管。

(3) 稳压二极管的代换

稳压二极管损坏后，应采用同型号稳压二极管或电参数相同的稳压二极管来更换。具有相同稳定电压值的耗散功率高的稳压二极管可以用来代换耗散功率低的稳压二极管，但不能用耗散功率低的稳压二极管来代换耗散功率高的稳压二极管。

(4) 开关二极管的代换

开关二极管损坏后，应用同型号的开关二极管更换或用与其主要参数相同的其他型号的开关二极管来代换。通常高速开关二极管可以代换普通开关二极管，反向击穿电压高的开关二极管可以代换反向击穿电压低的开关二极管。

(5) 变容二极管、发光二极管的代换

变容二极管和发光二极管损坏后，应更换与原型号相同的二极管或用其主要参数相同的其它型号的二极管来进行代换。

B. 1. 6 晶体二极管的检测

1. 普通二极管的检测

由晶体二极管的结构可知，它是由一个 PN 结构成的具有单向导电特性的器件。二极管在正向导通时呈低阻，而在反向偏置时则呈高阻。利用数字万用表不仅能鉴别二极管的性能、区分引脚特性，而且还可估测出二极管是否损坏。

(1) 判定引脚的正、负极性

晶体二极管的正、负极可按下列方法进行判别：

一是查看管壳上的符号标记，标有三角形的，其箭头一端为正极、另一端为负极。对于点接触型玻璃外壳二极管，可透过玻璃看触针，金属触针的一头为正极。另外，在点接触型二极管的外壳上，通常标有色点（白色或红色），除少数二极管外，一般标记色点的一端为正极。

二是用万用表 $R\times100\Omega$ 档或 $R\times1k\Omega$ 档，任意测量二极管的两根引线，测出一个电阻值后，对调两表笔，再测出一个电阻值。两次测量的电阻值中，有一次测量出的阻值较大则为反向电阻，一次测量出的阻值较小则为正向电阻。在阻值较小的一次测量中，黑表笔接的是二极管的正极，红表笔接的是二极管的负极。

三是用电池和扬声器来判别二极管的正、负极，具体方法是：将一节电池、一个 100Ω 的电阻和一个扬声器与被测二极管构成串联电路（如图 B. 1-16 所示），用二极管的一端引线断续触碰扬声器，然后将二极管倒头再测一次，以听到“咯、咯”声较大的一次为准，电池正极相接的那一根引线为正极，另一根为负极。

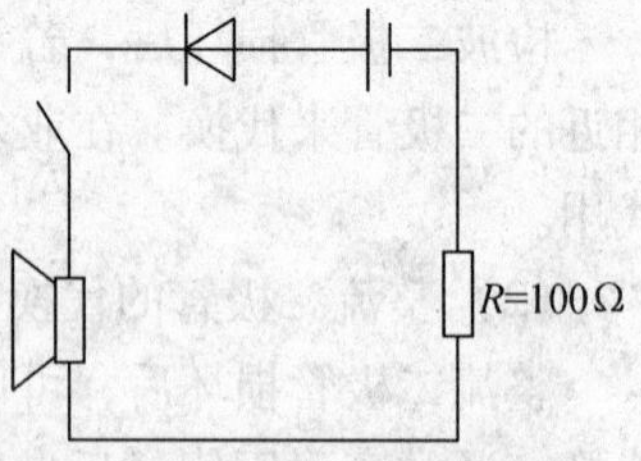

图 B. 1-16 二极管检测电路

(2) 区别硅管与锗管

利用万用表的二极管挡测量二极管的正向压降 V_F，并根据硅二极管与锗二极管正向压降的差异，可以区分硅二极管和锗二极管。具体方法是：将万用表置于二极管档，红表笔接被测二极管的正极、黑表笔接负极，此时 +3V 电源（万用表内部电池电源）向被测二极管提供大约 1mA 的正向电流，管子的正向压降 V_F 就作为仪表输入电压，若仪表显示 0.500～0.700V，则表明被测管为硅管，若显示 0.150～0.300V，则表明被测管为锗管。

以上是以小功率二极管为例说明测试方法的，对于大功率整流二极管，V_F 值可达 1V 以上。

（3）性能的检测

1）单向导电性能的检测　用万用表 $R\times100\Omega$ 档或 $R\times1k\Omega$ 档测量二极管的正反向电阻。通常锗材料二极管的正向电阻值约为 1.1kΩ、反向电阻值约为 330Ω，硅材料二极管的电阻值为 5kΩ 左右、反向电阻值为∞（无穷大）。正向电阻越小越好，反向电阻越大越好。正、反向电阻值相差越悬殊，说明二极管的单向导电特性就越好。若测得正向电阻太大或反向电阻太小，表明二极管的检波与整流率不高。若正向电阻为无穷大，说明二极管内部已断路。若反向电阻接近零，表明二极管已被击穿。

2）反向击穿电压的检测　二极管反向击穿电压（耐压值）可以用晶体管参数测试仪进行测量。具体方法是：将测试仪的“NPN/PNP”选择键设置为 NPN 状态，再将被测二极管的正极接测试表的“c”插孔内、负极插入测试仪的“e”插孔，然后按下“V（BR）”键，测试仪即可指示出二极管的反向击穿电压值。

如没有万用表，也可采用如图 B.1-17 所示电路进行检测。当二极管负端接电池正极，正端串接电阻和扬声器再接电池负极（反向连接），断续接通时，若扬声器发出较大的“咯咯”声，表明二极管已被击穿；反过来，如果将二极管正向连续接通时，喇叭无一点响声，表明二极管内部断路。

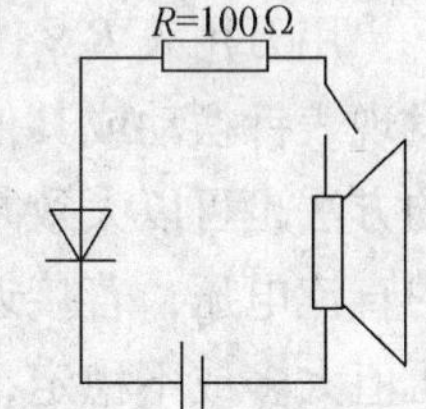

图 B.1-17　二极管反向击穿测试电路

2. 稳压二极管的检测

（1）判定引脚的正、负极

从外形上看，金属封装的稳压二极管管体的正极一端为平面形，负极一端为半圆面形。塑封稳压二极管管体上印有彩色标记的一端为负极，另一端为正极。

对标志不清楚的稳压二极管，也可以用万用表判别其极性，识别方法与普通二极管相同，可利用 PN 结正、反向电阻不同的特性进行识别，实践中常用万用表的 $R\times1k\Omega$ 档测量两引脚之间的电阻值，红、黑表笔对调后再测量一次。在两次测量结果中，阻值较小的一次，黑表笔所接引脚为稳压二极管正极、红表笔所接引脚为负极。

需指出的是，有三只引脚的稳压二极管其外形类似三极管，但其内部是两只正极相连的稳压二极管。这种稳压二极管正、负极的识别方法与两只引脚的稳压管相同，只需测出公共极，另两只引脚均为负极。

（2）普通二极管与稳压二极管的判别

常见的稳压二极管有两只引脚，但也有少数稳压二极管为三只引脚（如 2DW7），除通过外壳的标志识别外，还可以利用万用表区分稳压二极管与普通二极管。具体方法是：用万用表 $R\times1\text{k}\Omega$ 档，黑表笔接被测二极管负极、红表笔接正极，此时所测为 PN 结的反向电阻，阻值很大，表针不偏转。再将万用表转换到 $R\times10\text{k}\Omega$ 档，此时表针如果向右偏转一定角度，说明被测二极管是稳压二极管；若表针不偏转，说明被测二极管可能不是稳压二极管。

以上方法仅适用于测量稳压值低于万用表 $R\times10\text{k}$ 档电池电压的稳压二极管，如果其稳压值高于表内电池电压，表针也不会偏转，用上述方法也就不能区分被测二极管的类型了。

（3）稳压值的测量

用 0～30V 连续可调直流电源为稳压二极管提供测试电源。对于 13V 以下的稳压二极管，可将稳压电源的输出电压调至 15V，将电源正极串接 1 只 1.5kΩ 限流电阻后与被测稳压二极管的负极相连接，电源负极与稳压二极管的正极相接，再用万用表测量稳压二极管两端的电压值，所测的读数即为稳压二极管的稳压值。若稳压二极管的稳压值高于 15V，则应将稳压电源调到 20V 以上。

（4）性能的检测

用万用表 $R\times1\text{k}\Omega$ 档测量稳压二极管的正、反向电阻，正常时反向电阻阻值较大，若发现表针摆动或其他异常现象，则说明被测稳压管性能不良甚至损坏。另外，用在路通电的方法也可以大致判别稳压管的好坏，具体方法是：用万用表直流电压档测量稳压管两端的直流电压，若接近该稳压管的稳压值，说明该稳压二极管基本完好；若电压偏离标称稳压值太多或不稳定，则说明该稳压二极管的性能不稳定。

3. 发光二极管的检测

（1）普通发光二极管的检测

1）正、负极的判别　发光二极管的管体一般都是用透明塑料制成的，所以可以用眼睛观察来区分它的正、负电极。具体作法是：将发光二极管放在一个光源下，从侧面仔细观察两条引出线在管体内的形状，通常较大的一端为负极，较小的一端为正极。

2）光、电特性的检测　用万用表的 $R\times10\text{k}\Omega$ 档对一只 220μF/25V 电解电容器充电（黑表笔接电容器正极，红表笔接电容器负极），再将充电后的电容器正极接发光二极管正极、电容器负极接发光二极管负极，若发光二极管有很亮的闪光，则说明该发光二极管完好。

如图 B.1-18 所示，利用 3V 稳压电源或两节串联的干电池及万用表可以较准确地测量发光二极管的光、电特性。如果测量二极管的正向压降 V_F 在 1.4～3V 之间，且发光亮度正常，则说明发光二极管的光、电特性良好。

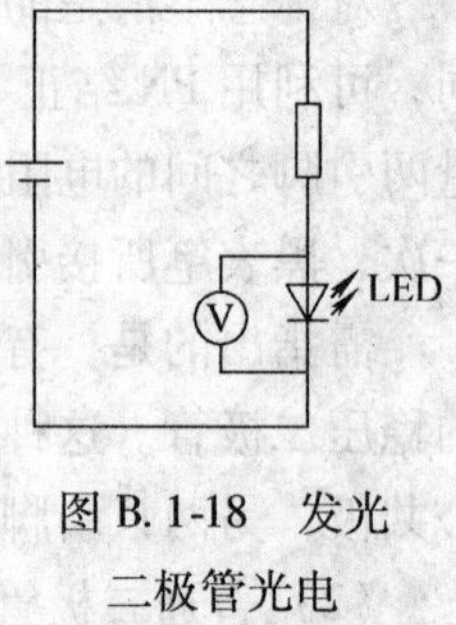

图 B.1-18　发光二极管光电特性的检测

3）发光二极管好坏的判别

用万用表 $R\times10\text{k}\Omega$ 档测量发光二极管的正、反向电阻值，正常时，二极管正向电阻阻值为几十至几百千欧、反向电阻为无穷大。较高灵敏度的发光二极管，在测量正向电阻值时，管内会发微光。若测得正向电阻值为零或为无穷大，反向电阻值很小或为零，则说明被测二极管已损坏。

（2）红外发光二极管的检测

1）正、负极性的判别

红外发光二极管有两个引脚，通常长引脚为正极，短引脚为负极。因红外发光二极管多采用透明树脂封装，所以管壳内的电极清晰可见，管内电极宽大的为负极，而电极窄小的为正极。另外，也可从管身形状来判断，通常靠近管身侧向小平面的电极为负极，另一端引脚为正极。

2）性能的检测

用万用表 $R\times10k$ 档测量红外发光二极管的正、反向电阻。正常时，正向电阻值约为 15～40kΩ（此值越小越好），反向电阻大于500kΩ。若测得正、反向电阻值均接近零，则说明该二极管内部击穿损坏；若测得正、反向电阻值均为无穷大，则说明该二极管开路损坏；若测得反向电阻值远远小于500kΩ，则说明该二极管漏电损坏。

（3）光敏二极管的检测

1）正、负极性的判别　常见的光敏二极管外观颜色呈黑色，识别引脚时面对受光窗口，从左至右分别为正极和负极。另外，在光敏二极管的管体顶端有一个小斜切平面，通常带有此斜切平面一端的引脚为负极，另一端为正极。

2）红外光敏二极管的检测　将万用表置于 $R\times1k\Omega$ 挡，测量红外光敏二极管的正、反向电阻值。正常时，正向电阻值（黑表笔所接引脚为正极）为3～10kΩ左右，反向电阻值为500kΩ以上。若测得其正、反向电阻值均为0或均为无穷大，则说明该二极管内部击穿或开路损坏。

在测量红外光敏二极管反向电阻值的同时，用电视机遥控器对着被测红外光敏二极管的接收窗口。正常的红外光敏二极管，在按动遥控器按键时，其反向电阻值会由500kΩ以上减小至50～100kΩ之间。阻值下降越多，则说明红外光敏二极管的灵敏度就越高。

3）其他光敏二极管的检测　将万用表置于50μA或500μA电流档，黑表笔接光敏二极管的负极，红表笔接光敏二极管的正极。正常的光敏二极管在白炽灯光下，随着光照强度的增加，其电流从几微安增大至几百微安。

除上述电流测量法外，还可采用电阻测量法进行检测，具体方法是：用黑纸或黑布遮住光敏二极管的光信号接收窗口，然后用万用表 $R\times1k\Omega$ 档测量光敏二极管的正、反向电阻值。若测得正、反向电阻值均很小或均为无穷大，则说明被测光敏二极管漏电或开路损坏。再去掉黑纸或黑布，使光敏二极管的光信号接收窗口对准光源，然后观察其正、反向电阻值的变化。正常时，正、反向电阻值均应变小，阻值变化越大，说明该光敏二极管的灵敏度越高。

4. 激光二极管的检测

（1）各电极的判别

用万用表的 $R\times1k\Omega$ 档分别测出激光二极管三个引脚任意两引脚之间的阻值，总有一次两引脚之间的的阻值为几千欧姆左右，此时黑表笔所接的引脚为阳极端 PD，红表笔所接的引脚为公共端，剩下的引脚为阴极端 LD。

（2）激光二极管好坏的检测

激光二极管的 PD 部分实质上是一个光敏二极管，检测时用万用表 $R\times1\text{k}\Omega$ 档测其正、反向电阻的阻值。正常时，正向电阻为几千欧姆，反向电阻为无穷大。若正向电阻为零或无穷大，则表明 PD 部分损坏；若反向电阻为几百千欧或上千千欧，则说明 PD 部分已反向漏电，管子质量变差或损坏。

检测激光二极管 LD 部分时，将万用表 $R\times1\text{k}\Omega$ 档黑表笔接公共端、红表笔接阴极，正向电阻值应在 10 ~ 30kΩ 之间，反向电阻值应为无穷大。若测得正向电阻值已超过 55kΩ，则说明 LD 部分的性能已下降；若测得正向电阻值大于 100kΩ，则说明该二极管已严重老化。

5. 变容二极管的检测

（1）正、负极的判别

有的变容二极管的一端涂有黑色标记，这一端即是负极，而另一端为正极。还有的变容二极管的管壳两端分别涂有黄色环和红色环，红色环的一端为正极，黄色环的一端为负极。

如果标记不清楚，还可采用万用表的二极管档，通过测量变容二极管的正、反向电压降来判断出其正、负极性。在测量正向电压降时，红表笔接的是变容二极管的正极、黑表笔接负极。

（2）性能的检测

将万用表置于 $R\times10\text{k}$ 档，无论红、黑表笔怎样对调测量，变容二极管的两引脚之间的电阻值均应为无穷大。如果在测量中，发现万用表指针向右有轻微摆动或阻值为零，说明被测变容二极管漏电或已被击穿损坏。对于变容二极管容量消失或内部的开路性故障，用万用表是无法检测判别的。必要时，可用替换法进行检查判断。

6. 双基极二极管的检测

（1）正、负极的判别

将万用表置于 $R\times1\text{k}\Omega$ 档，用两表笔测量双基极二极管三个电极中任意两个电极之间的正、反向电阻值，如果测出有两个电极之间的正、反向电阻值均在 1 ~ 10kΩ 之间，则这两个电极就是二个基极（假设为基极 1 和基极 2），另一个电极则是发射极。

找到发射极后，将黑表笔接发射极，红表笔接两个基极分别进行测量，在两次测量中，测得电阻较大的一次，红表笔所接的是基极 1、另一个电极即是基极 2（在电路符号中就是靠近发射极的那个基极）。

（2）性能的检测

将万用表 $R\times1\text{k}\Omega$ 档，将黑表笔接发射极，红表笔依次接两个基极，正常时均应有几 ~ 十几千欧的电阻值。再将红表笔接发射极，黑表笔依次接两个基极，正常时阻值为无穷大。双基极二极管两个基极之间的正、反向电阻值均在 1 ~ 10kΩ 范围之内。如果测得某两极之间的电阻值与上述所测的正常值范围相差较大，则说明该双基极二极管性能不良或损坏。

7. 双向触发二极管的检测

（1）转折电压的检测

如图 B. 1-19 所示，用 0～50V 连续可调直流电源，将电源的正极串接 1 只 20kΩ 电阻器后与双向触发二极管的一端相接，电源的负极串接万用表电流档（将其置于 1mA 档）后与双向触发二极管的另一端相接。逐渐增加电源电压，当电流表指针有较明显摆动时（几十微安以上）时，则说明此双向触发二极管已导通，此时电源的电压值即是双向触发二极管的转折电压。

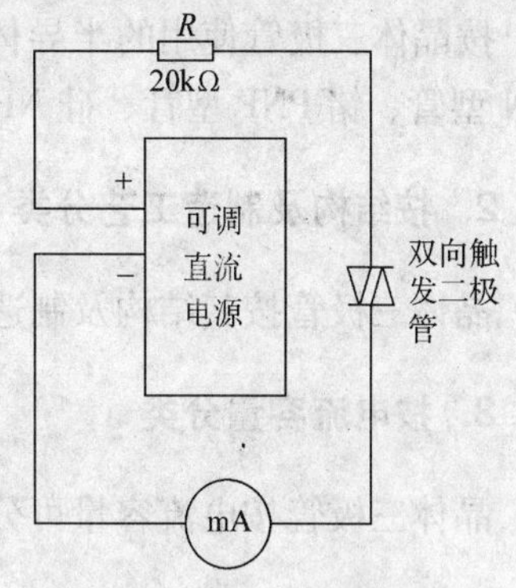

图 B. 1-19　双向触发二极管转折电压的检测电路

（2）性能的检测

将万用表置于 $R\times1\text{k}\Omega$ 档，测量双向触发二极管的正、反向电阻值均应为无穷大。若交换表笔进行测量，测得的阻值慢慢变小，则说明被测二极管漏电；若测得正、反向电阻值均很小或为 0，则说明该二极管已被击穿损坏。

B. 2　晶体三极管简介

晶体三极管（Triode Transistor）又称半导体三极管，简称晶体管，在电路图中常用文字符号“V”表示。晶体三极管是内部含有 2 个 PN 结，是能起放大、振荡及开关等作用的半导体器件。其中，电流放大的作用实质上是晶体三极管能以基极电流微小的变化量来控制集电极电流较大变化量的一种特性，它是晶体三极管最基本和最重要的特性。

晶体三极管有饱和、截止及放大三种工作状态。

饱和状态：当加在晶体三极管发射结的电压大于 PN 结的导通电压，并当基极电流增大到一定程度时，集电极电流处于某一定值附近，晶体三极管失去电流放大作用，集电极与发射极之间相当于开关的导通状态，此时晶体三极管处于饱和导通状态。

截止状态：当加在晶体三极管发射结的电压小于 PN 结的导通电压时，基极、集电极和发射极电流均为零，晶体三极管失去电流放大作用，集电极和发射极之间相当于开关的断开状态，此时晶体三极管处于截止状态。

放大状态：当加在晶体三极管发射结的电压大于 PN 结的导通电压，并处于某一恰当的值时，晶体三极管的发射结正向偏置、集电结反向偏置，此时基极电流对集电极电流起控制作用，使晶体三极管具有电流放大作用，晶体三极管处于放大状态。

B. 2. 1 晶体三极管的分类

在实际应用中，从不同的角度对晶体三极管有不同的分类方法。

1. 按半导体材料和极性分类

按晶体三极管使用的半导体材料可分为硅管和锗管。按晶体三极管的极性可分为锗NPN型管、锗PNP型管、硅NPN型管和硅PNP型管。

2. 按结构及制造工艺分类

晶体三极管按其结构及制造工艺可分为合金型晶体三极管和平面型晶体三极管。

3. 按电流容量分类

晶体三极管按电流容量可分为小功率管、中功率管和大功率管。

4. 按工作频率分类

晶体三极管按工作频率可分为低频管、高频管和超高频管。

5. 按封装结构分类

晶体三极管按封装结构可分为金属封装、塑料封装、玻璃壳封装、表面封装（片式器件）和陶瓷封装等。

6. 按功能和用途分类

晶体三极管按功能和用途可分为放大管、开关管、达林顿晶体三极管、带阻晶体三极管、带阻尼晶体三极管、光敏晶体三极管、BJT模块等。其中，放大管又分为低噪声放大晶体三极管、中高频放大晶体三极管和低频放大晶体三极管。

7. 按放大原理分类

晶体三极管按放大原理可分为双极性晶体三极管（Bipolar Junction Transistor，BJT）和单极性晶体三极管（Metal Oxide Semiconductor / MEtal Semiconductor，MOS/MES）。其中，双极性晶体三极管按工艺的不同又可分为同质结BJT和异质结BJT。

B. 2. 2 晶体三极管的命名

1. 国产晶体三极管型号命名方法

我国晶体三极管型号由五部分组成，五个部分的含义如下：
第一部分：用数字表示晶体三极管的有效电极数目，“3”表示三极管。

第二部分：用汉语拼音字母表示晶体三极管的材料和极性。其中，A 表示 PNP 型锗材料、B 表示 NPN 型锗材料、C 表示 PNP 型硅材料、D 表示 NPN 型硅材料，E 表示化合材料。

第三部分：用汉语拼音字母表示晶体三极管的用途或类型。P 表示小信号管、V 表示混频检波管、K 表示开关管、X 表示低频小功率晶体三极管（$f<3\text{MHz}$，$P_C<1\text{W}$）、G 表示高频小功率晶体三极管（$f\geqslant3\text{MHz}$，$P_C<1\text{W}$）、D 表示低频大功率晶体三极管（$f<3\text{MHz}$，$P_C>1\text{W}$）、A 表示高频大功率晶体三极管（$f>3\text{MHz}$，$P_C>1\text{W}$）。

第四部分用数字表示晶体三极管的序号。

第五部分用字母表示规格号。

例如：3DGXX 就表示序号为“XX”的 NPN 型硅材料高频小功率晶体三极管。

2. 日本晶体三极管型号命名方法

日本晶体三极管的型号由四部分组成，其型号反映出管子是 PNP 型还是 NPN 型，是高频晶体三极管还是低频晶体三极管，但不反映是硅管还是锗管。四个部分的含义如下：

第一部分：该部分用 2 表示，表示晶体三极管具有三个有效电极。

第二部分：该部分用 S 表示，表示已在日本电子工业协会（JEIA）注册登记的半导体分立器件。

第三部分：该部分一般用 A、B、C、D 字母来表示管子的极性和类型。A、B 为 PNP 型管，C、D 为 NPN 型管。其中 A、C 多为高频管，B、D 多为低频管。但也有例外的情况，使用时应予以注意。

第四部分：该部分一般采用两位以上的阿拉伯数字，用来表示注册登记的顺序号。一般来讲，数字越大，产品越新。但对于连续号码的管子来说，其性能不一定完全相似。另外，数字后若跟有英文字母。则表示该晶体三极管是原型号的改进产品。

例如：2SA983。

3. 美国晶体三极管型号命名方法

美国生产的晶体三极管型号命名方法与日本有相似之处。其特点为用 2N 开头，2 也表示有三个有效电极，N 表示美国电子工业协会注册标志，型号的第三部分与日本不同，不表示极性和类型，而像日本晶体三极管第四部分那样，用数字表示注册登记的序号。美国型号比日本型号简单，因而型号中不能反映出管子的硅、锗材料，PNP 和 NPN 极性、高、低频管和特性。只能从 2N 开头的型号上识别出是美国生产或其他国家生产美国型号的晶体三极管。

4. 欧洲晶体三极管的命名方法

欧洲的许多国家命名晶体三极管型号的方法都差不多。大多数采用国际电子联合会半导体器件型号命名法。型号直接用字母 A、B 开头，A 表示锗材料，B 表示硅材料。在第二部分字母中用 C、D 表示低频管；F、L 表示高频管。其中 C、F 为小功率管；D、L 为大功率管。用 S 和 U 分别表示小功率开关管和大功率开关管。型号的第三部分用三位数表示登记顺序号。

除了上述晶体三极管的命名方法外，韩国三星电子公司（SAMSUNG）生产的晶体三极管，在我国市场上也较多见。它是以四位数字来表示型号的，例如9011、9012、9018等。

B.2.3 晶体三极管的参数

晶体三极管的主要参数应包括耗散功率、集电极最大电流、最大击穿电压、电流放大系数、极间反向电流和频率参数，它反映了晶体三极管各种性能的指标，是选用晶体三极管的依据。

1. 电流放大系数

电流放大系数又称电流放大倍数，用来表示晶体三极管的放大能力。根据晶体三极管工作状态的不同，电流放大系数又分为直流放大系数和交流放大系数。

（1）直流放大系数

直流放大系数又称静态电流放大系数或直流放大倍数，是指在静态无变化信号输入时，晶体三极管集电极电流 I_C 与基极电流 I_B 或发射极电流 I_E 的比值，一般用 h_{FE} 或 $\bar{\beta}$ 表示。

1）共发射极直流放大系数 $\bar{\beta}$，表示晶体三极管在共发射极连接时，某工作点处直流电流 I_C 与 I_B 的比值。

2）共基极直流放大系数 $\bar{\alpha}$，表示晶体三极管在共基极连接时，某工作点处 I_C 与 I_E 的比值。

（2）交流放大系数 β（或 h_{FE}）

交流放大系数又称动态电流放大系数或交流放大倍数，是指在交流状态下，晶体三极管集电极电流变化量 I_C 与基极电流变化量 I_B 或发射极电流变化量 I_E 的比值，一般用 h_{FE} 或 β 表示。

一般晶体三极管的 β 值大约在 10 ~ 200 之间，如果 β 太小，电流放大作用差，如果 β 太大，则性能往往不稳定。

1）共发射极交流放大系数 β，表示晶体三极管共发射极连接且 U_{CE} 恒定时，I_C 与 I_B 的变化量之比。

2）共基极交流放大系数 α，表示晶体三极管共基极连接且 U_{CB} 恒定时，I_C 与 I_E 的变化量之比。

2. 极间反向电流

晶体三极管的极间反向电流包括集电极-基极之间的截止电流 I_{CBO} 和集电极-发射极之间的截止电流 I_{CEO}。

（1）集电极-基极反向电流 I_{CBO}

I_{CBO} 是指集电结反向漏电电流，它是发射极开路，在集电极与基极之间加上一定的反向电压时，所对应的反向电流。I_{CBO}仅与温度有关，在一定温度下是个常量，所以又称为集电极-基极的反向饱和电流。

随着温度的升高I_{CBO}将增大，它是晶体三极管工作不稳定的主要因素。此值越小，说明晶体三极管的温度特性越好。在相同环境温度下，硅管的I_{CBO}比锗管的I_{CBO}小得多。

（2）集电极-发射极截止电流I_{CEO}

I_{CEO}是指集电极-发射极之间的反向击穿电流，它是晶体三极管的基极开路，集电极与发射极之间加一定反向电压时的集电极电流，又称为穿透电流。

I_{CEO}与I_{CBO}一样，也是衡量晶体三极管热稳定性的重要参数。此电流值越小，说明晶体三极管的性能越好。

（3）发射极-基极截止电流I_{EBO}

I_{EBO}又称发射结反向饱和电流，它是指晶体三极管的集电极开路时，在发射极与基极之间加上规定的反向电压时发射极的电流。

3. 频率参数

频率参数是反映晶体三极管电流放大能力与工作频率关系的参数，表明晶体三极管的频率适用范围。若晶体三极管超过了其工作频率范围，则会出现放大能力减弱甚至失去放大作用的现象。

晶体三极管的频率参数主要包括截止频率f_β和f_α、特征频率f_T和最高振荡频率f_M等。

（1）截止频率f_β和f_α

截止频率f_β或f_α是表明晶体三极管频率特性的重要参数。当β下降到低频频率的0.707倍时，就是共发射极的截止频率f_β；当α下降到低频频率的0.707倍时，就是共基极的截止频率f_α。

（2）特征频率f_T

当晶体三极管的工作频率超过截止频率时，其电流放大系数β值将随着频率的升高而下降。特征频率是指β值降为1时晶体三极管的工作频率。

通常将f_T小于或等于3MHz的晶体三极管称为低频管，将f_T大于或等于30MHz的晶体三极管称为高频管。

（3）最高振荡频率f_M

最高振荡频率f_M是指晶体三极管的功率增益降为1时所对应的频率。

4. 极限参数

（1）耗散功率P_{CM}

耗散功率P_{CM}又称最大允许集电极耗散功率，是指晶体三极管集电结受热而引起晶体管参数的变化不超过所规定的允许值时集电极耗散的最大功率。

P_{CM}与晶体三极管的最高允许结温和集电极最大电流有密切的关系。晶体三极管在使用时，其功耗不允许超过P_{CM}值，否则会使管子的参数发生变化，甚至还会烧坏管子。

（2）集电极最大电流I_{CM}

集电极最大电流是指晶体三极管集电极所允许通过的最大电流。一般规定在β值下降到额定值的2/3或1/2时所对应的集电极电流为I_{CM}。当晶体三极管的集电极电流I_c超过I_{CM}时，晶体三极管的β值等参数将发生明显变化，影响其正常工作，甚至还会损坏。

（3）最大击穿电压

最大击穿电压又称反向击穿电压，是指晶体三极管在工作时所允许施加的最高工作电压。它包括集电极-发射极击穿电压、集电极-基极击穿电压和发射极-基极反向击穿电压。

1）集电极-发射极击穿电压$V_{(BR)CEO}$，是指当晶体三极管基极开路时，加在其集电极与发射极之间的最大允许反向电压。

2）发射极-基极击穿电压$V_{(BR)EBO}$，是指当晶体三极管集电极开路时，加在其发射极与基极之间的最大允许反向电压。

3）集电极-基极击穿电压$V_{(BR)CBO}$，是指当晶体三极管发射极开路时，加在其集电极与基极之间的最大允许反向电压。

B. 2. 4　晶体三极管的结构与符号

1. 普通晶体三极管的结构与图形符号

普通晶体三极管的内部结构如图B. 2-1所示，它是由两个相距很近的PN结组成的，一般都有三个电极，即发射极E、基极B和集电极C。三个电极分别与晶体三极管内部半导体的三个区（发射区、基区和集电区）相接，发射区与基区之间的PN结称为发射结，集电区与基区之间的PN结称为集电结。基区很薄，而发射区较厚，杂质浓度较大。PNP型晶体三极管发射区“发射”的是空穴，其移动方向与电流方向一致，故发射极箭头向内；NPN型晶体三极管发射区“发射”的是自由电子，其移动方向与电流方向相反，故发射极箭头向外。实际上发射极箭头所指的方向也是PN结在正向电压下的导通方向。晶体三极管的电路图形符号如图B. 2-2所示。

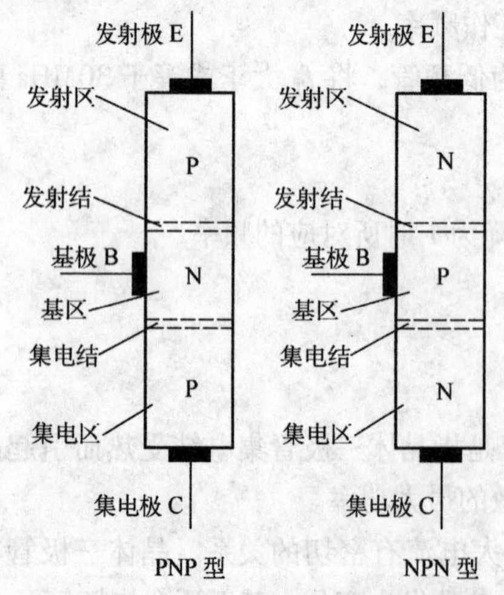

图 B. 2-1　晶体三极管的内部结构

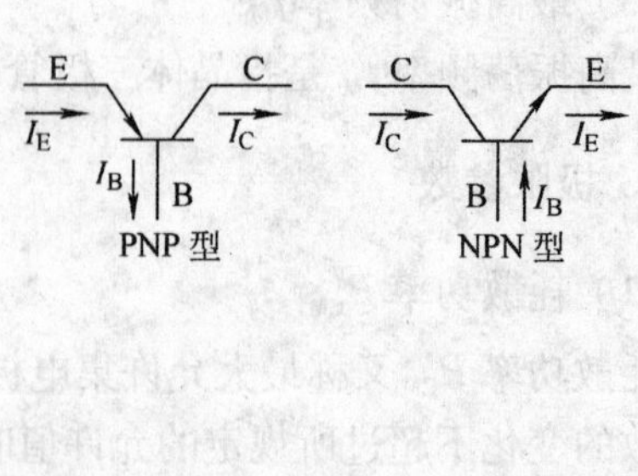

图 B. 2-2　晶体三极管的电路图形符号

2. 其他特殊晶体三极管的结构与符号

(1) 达林顿晶体三极管

达林顿晶体三极管（Darlington Transistor, DT）又称复合晶体三极管，其外形如图 B.2-3 所示。

达林顿管又分为普通达林顿晶体三极管和大功率达林顿晶体三极管。普通达林顿晶体三极管的基本电路如图 B.2-4 所示，它是采用复合连接方式，将两只或更多只晶体三极管的集电极连在一起，而将第一只晶体三极管的发射极直接耦合到第二只晶体三极管的基极上，依次级连而成，最后引出 E、B、C 三个电极。达林顿晶体三极管总放大系数是各分管放大系数的乘积。

图 B.2-3 达林顿晶体三极管外形

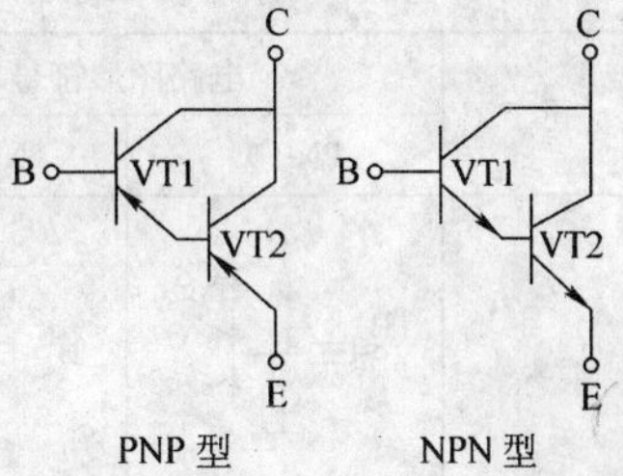

图 B.2-4 达林顿晶体三极管的内部电路结构

大功率达林顿晶体三极管在普通达林顿晶体三极管的基础上，增加了由泄放电阻和续流二极管组成的保护电路，稳定性较高，驱动电流更大。如图 B.2-5 所示是大功率达林顿晶体三极管的内部电路结构。

(2) 带阻晶体三极管

带阻晶体三极管（Resistive Transistors, RT），是将晶体三极管与工作时所需要的电阻封装在一起的晶体三极管，它一般采用片状塑封形式。带阻晶体三极管的外观结构与普通晶体三极管并无多大区别，其内部电路结构如图 B.2-6 所示。

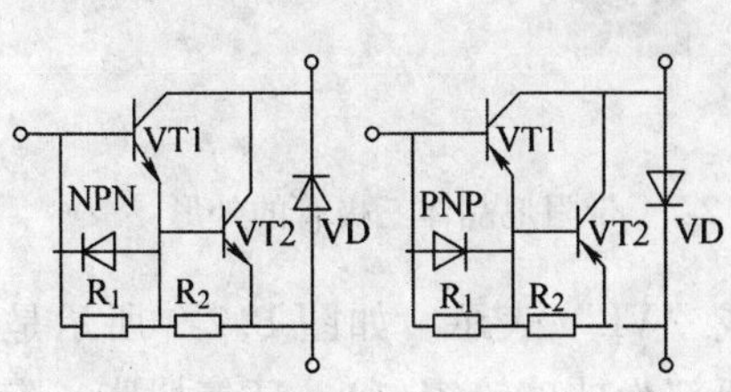

图 B.2-5 大功率达林顿晶体三极管内部电路结构

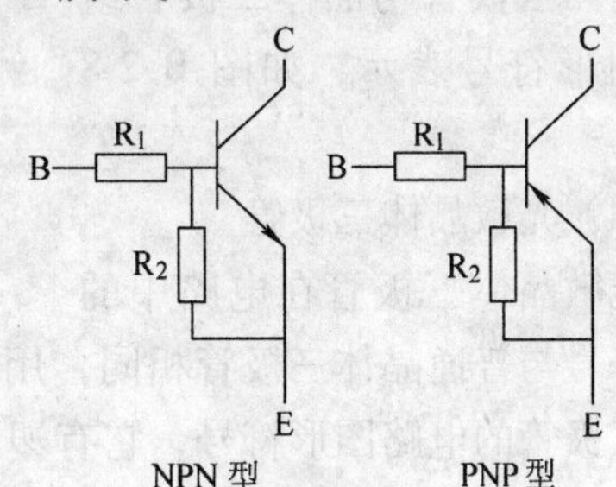

图 B.2-6 带阻晶体三极管内部电路结构

带阻晶体二极管为中速开关管，在电路中使用时可看作一个电子开关，当状态转换晶体三极管饱和导通时 I_C 很大，CE 间输出电压很低，相当于断开状态；当状态转换晶体三极管截止时，I_C 很小，CE 间输出电压很高，相当于连通状态。管子中的 R_1 决定了管子的饱和深度，R_1 越小，管子饱和越深，I_C 电流越大，CE 间输出电压很低，抗干扰能力越强，但 R_1 不能太小，否则会影响开关的速度。R_2 的作用是为了减小管子截止时集电极反向电流，并可减小整机的电源消耗。

带阻晶体三极管目前尚无统一的标准图形符号，在不同厂家的电子产品中电路图形符号及文字符号的标注方法也不一样，如表 B. 2-1 所示。

例如，日立、松下等公司的产品中常用字母“QR”来表示，东芝公司用字母“RN”来表示，飞利浦及 NEC（日电）等公司用字母“Q”表示，还有的厂家用“I_C”表示，国内电子产品中可以使用晶体三极管的文字符号，即用字母“V”或“VR”来表示。

表 B. 2-1 带阻晶体三极管电路图形符号及文字符号的标注方法

公司	电路图形符号		公司	电路图形符号	
	PNP 型	NPN 型		PNP 型	NPN 型
松下、东芝			夏普、飞利浦、富士		
三洋、日电			日立		

(3) 带阻尼晶体三极管

带阻尼晶体三极管的外形如图 B. 2-7 所示，它是将晶体三极管与阻尼二极管封装在一起的晶体三极管，通常采用金属和塑料两种封装形式，在电路中常用晶体三极管与晶体二极管组合的图形符号表示，如图 B. 2-8 表示。

图 B. 2-7 带阻尼晶体三极管的外形

(4) 光敏晶体三极管

光敏晶体三极管在电路中的文字符号与普通晶体三极管相同，用字母“V”或“VL”表示。如图 B. 2-9 所示是光敏晶体三极管的电路图形符号，它有塑料、金属（顶部为玻璃镜窗口）、环氧树脂、陶瓷等多种封装结构，引脚也分为两脚型和三脚型。

(5) BJT 模块

BJT 模块是将两个或两个以上的晶体三极管按一定的电路结构相连接，用 RTV 室温硫化剂、弹性硅凝胶、环氧树脂等保护材料，密封在一个绝缘的外壳内，并且与导热底板相绝缘而成的器件。

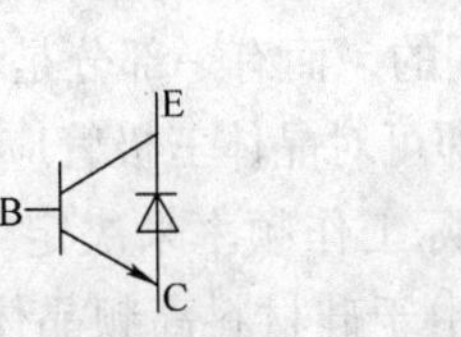

图 B. 2-8　带阻尼晶体三极管符号

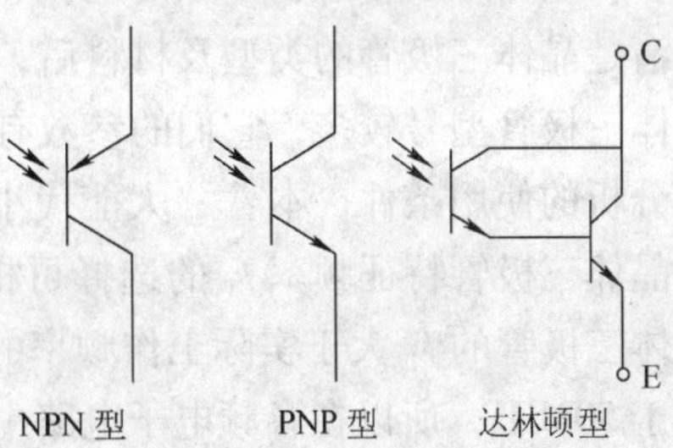

图 B. 2-9　光敏晶体三极管的电路图形符号

B. 2. 5　晶体三极管的选用

目前，国内各种类型的晶体三极管有许多种，引脚的排列也不尽相同，因此在使用中必须进行测量，以确定各引脚正确的位置，或查找晶体管使用手册，明确晶体三极管的特性及相应的技术参数和资料。

1. 晶体三极管的使用经验

（1）使用晶体三极管时，不得有两项以上的参数同时达到极限值。

（2）焊接时，应使用低熔点焊锡。引脚引线不应短于 10mm，焊接动作要快，每根引脚焊接时间不应超过 2s。

（3）晶体三极管在焊入电路时，应先接通基极，再接入发射极，最后接入集电极。拆下时，应按相反的顺序，以免烧坏管子。在电路通电的情况下，不得断开基极引线，以免损坏管子。

（4）使用晶体三极管时要固定好，以免因振动而发生短路或接触不良，并且不应靠近发热元器件。

（5）功率晶体三极管应加装足够大的散热器。

2. 晶体三极管的代换经验

当在修理中需要一只晶体三极管，而又找不到同型号的管子时，可按以下方法和步骤进行代换：

（1）清楚晶体三极管的类型及材料

常用晶体三极管的类型有 NPN 型和 PNP 型两种，由于这两类晶体三极管工作时对电压的极性要求不同，所以它们是不能相互代换的。

晶体三极管的材料有锗材料和硅材料，它们之间最大的差异就是起始电压不一样。通常在放大电路中不同材料的晶体三极管能进行互换，但注意要在基极偏置电压上进行必要的调整。需指出的是，在脉冲电路和开关电路中不同材料的晶体三极管是否能互换，必须具体分析，不能盲目代换。

（2）晶体三极管主要参数的选择

清楚晶体三极管的类型及材料后，还应了解晶体三极管的主要参数。国产及国外生产的晶体三极管型号较多，它们的参数有一部分是相同的，而有一部分是不同的。只要根据以下分析的使用条件，本着“大能代小”的原则，即可对晶体三极管应用自如。

晶体三极管特征频率f_T的选择可根据电路的实际工作频率来决定，一般情况下，只要晶体三极管的f_T大于实际工作频率的3倍即可。由于硅材料高频晶体三极管的f_T一般不低于50MHz，所以在音频电子电路中使用这类管子时可不考虑f_T这个参数。

晶体三极管集电极-发射极击穿电压$V_{(BR)CEO}$的选择可以根据电路的电源电压来决定，通常只要$V_{(BR)CEO}$大于电路中电源的最高电压即可。一般小功率晶体三极管的$V_{(BR)CEO}$均不低于15V，对于无电感元件的低电压电路一般可以不予考虑。但对于负载是感性负载（如变压器、线圈等）的管子，$V_{(BR)CEO}$数值的选择要慎重。

选择晶体三极管I_{CM}时，首先应了解电路中继电器的吸合电流大概是多少，以此再来确定晶体三极管的I_{CM}。一般小功率晶体三极管的I_{CM}在30~50mA之间，对于小信号电路可以不予考虑。

3. 其他特殊晶体三极管的选用注意事项

（1）开关晶体三极管的选用

小电流开关电路和驱动电路中使用的开关晶体三极管，其最大击穿电压低于100V、耗散功率低于1W、最大集电极电流小于1A；大电流开关电路和驱动电路中使用的开关晶体三极管，其最大击穿电压大于或等于100V、耗散功率高于30W、最大集电极电流大于或等于5A；开关电源等电路中使用的开关晶体三极管，其耗散功率大于或等于50W、最大集电极电流大于或等于3A、最大击穿电压高于800V。

（2）达林顿晶体三极管的选用

达林顿晶体三极管广泛应用于音频功率输出、开关控制、电源调整、继电器驱动、高增益放大等电路中。继电器驱动电路与高增益放大电路中使用的达林顿晶体三极管，可以选用不带保护电路的中、小功率普通达林顿晶体管。而音频功率输出、电源调整等电路中使用的达林顿晶体三极管，可选用大功率、大电流型普通达林顿晶体管或带保护电路的大功率达林顿晶体管。

（3）带阻晶体三极管的选用

带阻晶体三极管常用在录像机、彩电中。它把晶体三极管和工作时所需要的电阻封装在一起。应注意其内阻对读数的影响。特别要指出的是：这种晶体三极管不能作为普通晶体三极管使用，而只能是“专管专用”、这是因为不同的管子里面配置电阻的方法、数量及阻值是不同的。所以带阻晶体三极管损坏后，也必须用同型号管代换而不能拿普通的晶体三极管简单代换。不得已时，也要用性能相近的晶体三极管配上合适的电阻后替换。

（4）光敏晶体三极管的选用

光敏晶体三极管和其他晶体三极管一样，不允许其电参数超过最大值（例如最高工作电压、最大集电极电流和最大允许功耗等），否则会缩短光敏晶体三极管的使用寿命甚至烧毁晶体三极管。另外，所选用的光敏晶体三极管的光谱响应范围必须与入射光的光谱特性相互匹配，以获得最佳的响应效果。

B.2.6 晶体三极管的检测

1. 晶体三极管类型与引脚的判别

晶体三极管类型与引脚的判别，可通过指针式万用表的电阻档和数字万用表的二极管档进行测试，具体作法如下：

（1）晶体三极管基极的判别

1）将指针式万用表置 $R\times100\Omega$ 或 $R\times1\text{k}$ 档，测量晶体三极管三个电极中每两个电极之间的正、反向电阻值。当用第一根表笔接某一电极，而第二根表笔先后接触另外两个电极均测得低阻值时，则第一根表笔所接的那个电极为基极 B。

2）将数字万用表置二极管档，红表笔任接某个引脚，用黑表笔依次接触另外两个引脚，如果两次显示值均小于 1V 或均显示溢出符号“1”，则红表笔所接的引脚就是基极 B。如果在两次测试中，一次显示值小于 1V、另一次显示溢出符号“1”，则表明红表笔接的引脚不是基极 B，此时应改换其他引脚重新测量，直到找到基极 B 为止。

（2）晶体三极管类型的判别

1）将指针式万用表置 $R\times1\text{k}$ 档，用黑表笔接晶体三极管的基极，再用红表笔分别接另外两个引脚。若表针指示的两个阻值均很大，则表明被测晶体三极管为 PNP 型。反之，如果表针指示的两个阻值均很小，则表明被测晶体三极管为 NPN 型。

2）将数字万用表置二极管档，红表笔接基极 B，再用黑表笔先后接触其他两个引脚。如果两次均显示 0.500 ~ 0.800V，则被测管属于 NPN 型；若两次均显示溢出符号“1”，则表明被测管属于 PNP 管 。

（3）晶体三极管集电极与发射极的判别

晶体三极管发射极 E 与集电极 C 两边的掺杂浓度不一样，正确使用时晶体三极管的放大能力强；反之，若晶体三极管的 E 极和 C 极使用错误，则管子的放大能力弱。根据这一点，即可将管子的 E、C 极区别开来。

1）对于 NPN 型晶体三极管，将万用表置 $R\times100\Omega$ 或 $R\times1\text{k}$ 档，用黑、红表笔颠倒测量晶体三极管两极间的正、反向电阻，在两次测量中万用表指针偏转角度均很小，但仔细观察，总会有一次万用表指针偏转角度稍大，此时黑表笔所接的为集电极 C，红表笔所接的是发射极 E。对于 PNP 型晶体三极管，按上述方法进行测试，黑表笔所接的为发射极 E、红表笔所接的是集电极 C。

2）对于 NPN 型晶体三极管，则将数字万用表拨至 h_{FE}档，使用 NPN 插孔。将基极 B 固定插在 B 孔不变，集电极 C 与发射极 E 调换复测 1 或 2 次，以仪表显示值大（几十至几百欧）的一次为准，C 孔插的引脚即是集电极 C，E 孔插的引脚则是发射极 E。对于 PNP 型晶体三极管，其检测步骤同上，但必须使用 h_{FE}档的 PNP 插孔。

2. 晶体三极管性能好坏的检测

已知类型和引脚排列的晶体三极管，可按下述方法来判断其性能的好坏。

（1）反向击穿电流 I_{CEO} 的检测

普通晶体三极管的 I_{CEO} 可通过测量晶体三极管发射极 E 与集电极 C 之间的电阻值来进行估测。测量时，将万用表置 $R\times1k$ 档，NPN 型管的集电极 C 接黑表笔，发射极 E 接红表笔；PNP 管的集电极 C 接红表笔，发射极 E 接黑表笔。若测量晶体三极管 C、E 极之间的电阻值偏小，则表明被测管子的漏电流较大；若测得 C、E 极之间的电阻值接近零，则说明其 C、E 极之间已击穿损坏；如果 C、E 极之间的电阻值随着管壳温度的增高而变得很小，则说明该管的热稳定性不良。

也可以用晶体管直流参数测试表的 I_{CEO} 档来测量晶体三极管的反向击穿电流，具体作法是：将 h_{FE}/I_{CEO} 选择开关置于 I_{CEO} 档，选择晶体三极管的极性，将被测管的三个引脚插入测试孔，再按下 I_{CEO} 键，即可从表中读出被测晶体三极管的 I_{CEO} 值。

（2）反向击穿电压 V_{CEO} 的检测

使用晶体管直流参数测试表的 $V_{(BR)}$ 测试功能，即可测得晶体三极管的反向击穿电压。测量时，先选择被测晶体三极管的极性，再将晶体三极管插入测试孔，按动相应的 $V_{(BR)}$ 键，即可从表中读出被测晶体三极管的 V_{CEO} 值。

（3）放大能力 β 的检测

晶体三极管的放大能力可以用万用表的 h_{FE} 档测量。测量时，先将万用表置于 ADJ 档进行调零后，再拨至 h_{FE} 档，将被测晶体管的 C、B、E 三个引脚分别插入相应的测试插孔中，即可从 h_{FE} 刻度线上读出管子的放大倍数。

若万用表无 h_{FE} 挡，也可使用万用表的 $R\times1k$ 档来估测晶体三极管的放大能力，具体作法是：对于 PNP 型管，将黑表笔接 E、红表笔接 C，再在 B、C 极之间并接 1 只电阻（硅管为 100kΩ、锗管为 20kΩ），然后观察万用表的阻值变化情况。万用表指针摆动幅度越大，说明晶体三极管的放大能力越强。如果万用表指针不变或摆动幅度较小，则说明晶体三极管无放大能力或放大能力较差。对于 NPN 型管，测试时应将黑表笔接 C、红表笔接 E，具体测试方法与 PNP 型管相同。

3. 特殊晶体三极管性能好坏的检测

（1）达林顿晶体三极管的检测

1）普通达林顿晶体三极管的检测

将万用表置 $R\times1k$ 或 $R\times10k$ 档，测量达林顿晶体三极管各电极之间的正、反向电阻值。正常时，C-B 极之间的正向电阻为 3 ~ 10kΩ（测 NPN 型管时黑表笔接基极 B，测 PNP 型管时黑表笔接集电极 C），反向电阻为无穷大；E-B 极之间的的正向电阻是 C-B 极之间正向电阻的 2 ~ 3 倍（测 NPN 型管时黑表笔接基极 B、测 PNP 型管时黑表笔接发射极 E），反向电阻值为无穷大；C-E 极之间的正、反向电阻值均接近无穷大。若测得 C-E 极或 B-E 极、B-C 极之间的正反向电阻值均接近零，则说明该管已击穿损坏；反之，若测得为无穷大，则说明该管已开路损坏。

2）大功率达林顿晶体三极管的检测

用万用表 $R\times1k$ 或 $R\times10k$ 档，测量达林顿晶体三极管 C-B 极之间的正反向电阻值。正常时，正向电阻值（NPN 管的基极接黑表笔时）为 1～10kΩ，反向电阻值应接近无穷大。若测得 C-B 极的正反向电阻均很小或均为无穷大，则说明该管已击穿短路或开路损坏。

用万用表 $R\times100\Omega$ 档，测量达林顿管 E-B 极之间的正反向电阻值。正常时均为几百至几千欧，若测得阻值为零或无穷大，则说明被测管已损坏。

用万用表 $R\times1k$ 或 $R\times10k$ 档，测量达林顿管 E-C 极之间的正反向电阻值。测 NPN 型管时，黑表笔接发射极 E，红表笔接集电极 C；测 PNP 型管时，黑表笔接集电极 C、红表笔接发射极 E。正常时，正向电阻值为 5～15kΩ，反向电阻为无穷大。否则，说明被测管的 C-E 极（或二极管）击穿或开路损坏。

（2）带阻晶体三极管的检测

因带阻晶体三极管的内部含有一只或两只电阻，故检测的方法与普通晶体三极管略有不同。检测前应先了解管内电阻的阻值。

测量时，将万用表置于 $R\times1k$ 档，对于 NPN 型管，黑表笔接 C 极、红表笔接 E 极；对于 PNP 型管，黑表笔接 E 极、红表笔接 C 极。正常时，测集电极 C 与发射极 E 之间的正向电阻应为无穷大，且在测量的同时，若将晶体三极管的基极 B 与集电极 C 之间短接后，应有小于 50kΩ 的电阻值。否则，说明被测晶体三极管不良。

另外，可通过测量带阻晶体三极管 BE 极和 CB 极之间的正反向电阻值，来估测晶体三极管是否损坏。测量时，红、黑表笔分别接 B、C 和 B、E 极测出一组数字，对调表笔测出第二组数字，其数值均较大时表明该管良好。

（3）带阻尼晶体三极管的检测

用万用表 $R\times1k$ 档，通过单独测量带阻尼晶体三极管各电极之间的电阻值，即可判断其是否正常。具体方法如下：

1）将红表笔接 E、黑表笔接 B，此时相当于测量大功率晶体三极管 B-E 结的等效二极管与保护电阻 R 并联后的阻值，由于等效二极管的正向电阻较小，而保护电阻 R 的阻值一般也仅有 20～50Ω，所以两者并联后的阻值也较小；反之，将表笔对调，即测得的是大功率晶体三极管 B-E 结等效二极管的反向电阻值与保护电阻 R 的并联阻值，由于等效二极管反向电阻值较大，所以此时测得的阻值即是保护电阻 R 的值，此值仍然较小。

2）将红表笔接 C、黑表笔接 B，此时相当于测量管内大功率晶体三极管 B-C 结等效二极管的正向电阻，一般测得的阻值为 3～10kΩ；将红、黑表笔对调，则相当于测量管内大功率晶体三极管 B-C 结等效二极管的反向电阻，测得的阻值通常为无穷大。若测得正、反向电阻值均为零或无穷大，则说明被测管的集电结已击穿损坏或开路损坏。

3）将红表笔接 E、黑表笔接 C，相当于测量管内阻尼二极管的反向电阻，测得的阻值一般为无穷大；将红、黑表笔对调，则相当于测量管内阻尼二极管的正向电阻，测得的阻值一般都较小。若测得 C、E 极间的正反向电阻值均很小，则说明被测管的 C、E 极之间短路或阻尼二极管击穿损坏；若测得 C、E 极之间的正反向电阻值均为无穷大，则说明阻尼二极管开路。

带阻尼晶体三极管的反向击穿电压可以用晶体管直流参数测试表进行测量，其方法与普通晶体三极管相同。需指出的是，带阻尼晶体三极管的放大能力不能用万用表的 h_{FE} 档直接测量，因为其内部有阻尼二极管和保护电阻器。测量时可在行输出管的集电极 C 与基极 B 之间并接一只 30kΩ 的电位器，然后再将晶体三极管各电极与 h_{FE} 插孔连接。适当调节电位器的电阻值，并从万用表上读出 β 值。

（4）光敏晶体三极管的检测

光敏晶体三极管只有集电极 C 和发射极 E 两个引脚，基极 B 为受光窗口。通常，较长（或靠近管键的一端）的引脚为 E 极，较短的引脚为 C 极（达林顿型光敏晶体三极管封装缺圆的一侧为 C 极）。检测时，将光敏晶体三极管的受光窗口用黑纸或黑布遮住，再将万用表置 $R\times1$k 挡，红表笔和黑表笔分别接光敏晶体三极管的两个引脚，正常时正、反向电阻均为无穷大。若测出一定阻值或阻值接近 0Ω，则说明被测管内部击穿短路或漏电。在暗电阻测量状态下，若将遮挡受光窗口的黑纸或黑布移开，将受光窗口靠近光源，正常时应有 15 ~ 30kΩ 的电阻值，否则说明光敏晶体三极管已开路损坏或灵敏度偏低。

B.3 晶闸管简介

晶闸管国际通用名称为 Thyristor（全称为晶体闸流管），曾称为可控硅（SCR，全称为硅可控整流器件）。它是由硅半导体材料做成的硅晶体闸流管。晶闸管在电路图中常用文字符号“V”、“VT”表示。晶闸管具有真空闸流管整流器件的特性，能在高电压、大电流状态下工作，且其工作过程可以控制，被广泛应用于可控整流、交流调压、无触点电子开关、逆变及变频等电子电路中。

晶闸管包含三个或三个以上的 PN 结，可看成一个 PNP 型晶体管和一个 NPN 型晶体管的复合管，是一种能从断态转入通态或由通态转入断态的双稳态电子器件，它泛指所有 PNPN 类型的开关管，也可表示这类开关管中的任意器件。

由于晶闸管只有导通和关断两种工作状态，所以它具有开关特性，平时它保持在非导通状态，直到由一个较少的控制信号对其触发使其导通，一旦被触发，就算撤去触发信号，它也能保持导通状态，要使其关断可在其阳极与阴极之间加上反向电压或将流过晶闸管的电流减少到某一个值以下。晶闸管这种通过触发信号（小的触发电流）来控制导通（晶闸管中通过大电流）的可控特性，正是它区别于普通硅整流二极管的重要特征。

B.3.1 晶闸管的分类

晶闸管按不同的分类方法可分为不同的类型，其具体分类方法如下：

（1）晶闸管按关断、导通及控制方式可分为单向晶闸管、双向晶闸管、逆导晶闸管、逆阻晶闸管、门极关断晶闸管、温控晶闸管、光控晶闸管和晶闸管模块等多种。例如智能功率模块的英文名称为 Intelligent Power Module，简称 IPM。

（2）晶闸管按引脚和极性可分为二极晶闸管、三极晶闸管和四极晶闸管。其中，二极晶闸管有双向触发二极管（SIDAC，即 Silicon Diode for Alternating Current），它是基于晶闸管原理和结构的一种两端负阻器件，由于被触发导通时两端的压降只有 1.5V 左右，因此这种器件的工作状态类似一个开关，故 SIDAC 又称为双向触发开关。还有肖克莱二极管（又称晶体闸流二极管或晶闸二极管）。

（3）晶闸管按外形不同可分为普通型、螺旋形、平板形和平底形等类型，其中螺旋形结构的较多。

（4）晶闸管按封装形式可分为金属封装式、塑封式和陶瓷封装式三种类型。其中，金属封装式晶闸管又分为螺栓形、平板形和圆壳形等多种，塑封晶闸管又分为带散热片型和不带散热片型两种。

（5）晶闸管按电流容量可分为大功率晶闸管、中功率晶闸管和小功率晶闸管三种。通常，大功率晶闸管一般采用金属壳封装，而中、小功率晶闸管则大多采用塑封或陶瓷封装。

（6）晶闸管按关断速度可分为普通晶闸管、快速晶闸管和高频晶闸管。高频晶闸管与快速晶闸管类似，但高频晶闸管往往具有更短的开关时间，可用于比快速晶闸管要求更高的各种高频晶闸管电路中。

B.3.2　晶闸管的命名

1. 国产晶闸管的型号命名方法

国产晶闸管的型号命名（JB/T 2423—1999《电力半导体器件型号编制方法》）主要由四部分组成，各部分的含义见表 B.3-1。第一部分用字母“K”表示主称为晶闸管，第二部分用字母表示晶闸管的类别；第三部分用数字表示晶闸管的额定通态电流值；第四部分用数字表示重复峰值电压级数。例如 KP2-2 表示 2A/200V 的普通反向阻断型晶闸管；KS5-5 表示 5A/500V 的双向型晶闸管。

表 B.3-1　国产晶闸管的型号命名及含义

主称		类别		额定通态电流		重复峰值电压级数	
字母	含义	字母	含义	数字	含义	数字	含义
K	晶闸管	P	普通反向阻断型	1	1A	1	100V
				5	5A	2	200V
				10	10A	3	300V
				20	20A	4	400V
		K	快速晶闸管反向阻断型	30	30A	5	500V
				50	50A	6	600V
				100	100A	7	700V
				200	200A	8	800V
		S	双向型	300	300A	9	900V
				400	400A	10	1000V
				500	500A	12	1200V
						14	1400V

2. 日本产晶闸管的型号命名方法

日本生产的晶闸管由五到七部分组成，一般只用到前五个部分。第一部分，用数字表示器件有效电极数目或类型；第二部分，日本电子工业协会（JEIA）注册标志；第三部分，用字母表示器件使用材料极性和类型，如 F 表示 P 门极晶闸管、G 表示 N 门极晶闸管，M 表示双向晶闸管；第四部分，用数字表示在日本电子工业协会（JEIA）登记的顺序号，数字越大，越是近期产品；第五部分，用字母表示同一型号的改进型产品标志，A、B、C、D、E、F 表示该晶闸管是原型号的改进产品。

3. 美国产晶闸管的型号命名方法

美国电子工业协会晶闸管的型号命名方法：第一部分，用符号表示器件用途的类型；第二部分，用数字表示 PN 结数目，如 3 表示三个 PN 结晶闸管；第三部分，美国电子工业协会（EIA）注册标志；第四部分，美国电子工业协会登记顺序号；第五部分，用字母表示器件类型分档。

4. 国际电子联合会晶闸管型号命名方法

欧洲国家，大都采用国际电子联合会晶闸管的型号命名方法。这种命名方法由四个基本部分组成：第一部分，用字母表示器件使用的材料；第二部分，用字母表示器件的类型及主要特征，如 R 表示小功率晶闸管、T 表示大功率晶闸管；第三部分，用数字或字母加数字表示登记顺序号；第四部分，用字母对同一类型器件进行档别分类。

除四个基本部分外，有时还加后缀，以区别特性或进一步分类。晶闸管型号常见的后缀是数字，通常标出最大反向峰值耐压值和最大反向关断电压中数值较小的那个电压值。

B.3.3 晶闸管的参数

晶闸管的参数包括电压参数、电流参数、门极参数及动态参数等，下面就经常用到的一些主要参数及其意义予以介绍。

1. 晶闸管的电压参数

晶闸管的电压参数包括断态重复峰值电压 V_{DRM}、断态不重复峰值电压 V_{DSM}、反向重复峰值电压 V_{RRM}、反向不重复峰值电压 V_{RSM}、通态门槛电压 V_{TO}、通态峰值电压 V_{TM}、模块绝缘电压 V_{ISO}、门极触发电压 V_{GT} 等。

（1）断态重复峰值电压 V_{DRM}：断态重复峰值电压是指晶闸管在正向阻断时，允许加在 A、K（或 T1、T2）极间最大的峰值电压。

（2）断态不重复峰值电压 V_{DSM}：断态不重复峰值电压又称正向转折电压，是指在额定结温为 100℃且 G 极开路的条件下，在其 A 极与 K 极之间加上正弦半波正向电压，使其由关断状态转变为导通状态时所对应的峰值电压。

(3) 反向重复峰值电压 V_{RRM}：反向重复峰值电压是指晶闸管在 G 极断路时，允许在 A、K 极间的最大反向峰值电压。

(4) 反向不重复峰值电压 V_{RSM}：反向不重复峰值电压是指晶闸管处于阻断状态时能承受的最大转折电压。

(5) 通态峰值电压 V_{TM}：通态峰值电压又称峰值压降，是指晶闸管通过规定通态峰值电流 I_{TM}时的峰值电压，它直接反应了器件的通态损耗特性，影响着器件的通态电流额定能力。

(6) 门极触发电压 V_{GT}：门极触发电压表示晶闸管在额定条件下从关断到导通的门极触发电压。

2. 晶闸管的电流参数

晶闸管的电流参数包括维持电流 I_H、通态平均电流 I_T、通态一个周波不重复浪涌电流（峰值）I_{TSM}、通态电流有效值 $I_{T(RMS)}$、断态重复峰值电流 I_{DRM}、反向重复峰值电流 I_{RRM}、最小门极触发电流 I_{BO}、门极触发电流 I_{GT}等。

(1) 维持电流 I_H：维持电流是指维持晶闸管导通的最小电流。当正向电流小于维持电流时，导通的晶闸管会自动关断。

(2) 通态平均电流 I_T：通态平均电流是指在规定环境温度和冷却条件下，晶闸管正常工作时 A、K（或 T1、T2）极间所允许通过电流的平均值。其中包括单向晶闸管通态平均电流 $I_{T(AV)}$和双向晶闸管通态方均根电流 $I_{T(RMS)}$。

(3) 断态重复峰值电流 I_{DRM}：断态重复峰值电流是指晶闸管在关断状态下的正向最大平均漏电电流值。

(4) 反向重复峰值电流 I_{RRM}：反向重复峰值电流是指晶闸管在关断状态下的反向最大漏电电流值。

(5) 最小门极触发电流 I_{BO}：最小门极触发电流表示晶闸管在额定条件下从关断到导通的最小门极触发电流。

(6) 门极触发电流 I_{GT}：门极触发电流表示晶闸管在额定条件下从关断到导通的门极触发电流。

3. 晶闸管的门极参数

晶闸管的门极参数包括门极反向电压、门极触发电压 V_{GT}及门极触发电流 I_{GT}等。其中，反向电压是指晶闸管门极上所加的额定电压。门极触发电流、门极触发电压是指在规定的环境温度下，阳极与阴极间加有一定电压时，晶闸管从关断状态转为导通状态所需要的最小门极电流和电压。

4. 晶闸管的动态参数

晶闸管的动态参数包括断态电压临界上升率 dv/dt、通态电流临界上升率 di/dt、电路换向关断时间 t_q、结壳热阻 R_{jc}、额定结温 T_{jm}等。

(1) 断态电压临界上升率 dv/dt：断态电压临界上升率是指在规定条件下不会导致晶

闸管从断态转换到通态所允许的最大正向电压上升速度。

（2）通态电流临界上升率 di/dt：通态电流临界上升率是指晶闸管从阻断状态转换到导通状态时，所能承受的通态电流上升率的最大值。

（3）结壳热阻 R_{jc}：结壳热阻是指晶闸管在规定的条件下，由结到壳流过单位功耗所产生的温升。结壳热阻反映了器件的散热能力，直接影响了器件的通态额定性能。

（4）电路换向关断时间 t_q：电路换向关断时间是指在规定条件下，晶闸管从通态电流降至零的瞬间起，到器件开始能承受规定的断态电压瞬间为止的时间间隔。

B. 3. 4 晶闸管的结构与符号

1. 普通晶闸管的结构与符号

（1）单向晶闸管：单向晶闸管英文全称为 Unidirectional Thyristor，但为方便起见，仍常沿用 SCR（Semiconductor Controlled Rectifier）作为其简称。它是由 PNPN 四层半导体材料构成的三端半导体器件，三个引出端分别为阳极 A、阴极 K 和门极 G，其电路图形符号如图 B. 3-1 所示。

单向晶闸管的阳极与阴极之间具有单向导电的性能，其内部结构如图 B. 3-2 所示，由 P1、N1、P2、N2 四层半导体组成。单向晶闸管内部有三个 PN 结，从 P1 区引出阳极 A，N2 区引出阴极 K，P2 区引出控制极 G，所以单向晶闸管又称四层三端元件。四层结构形成三个 PN 结（J1、J2、J3），这三个结按正反正的极性相互串联在一起。

图 B. 3-1 单向晶闸管电路图形符号

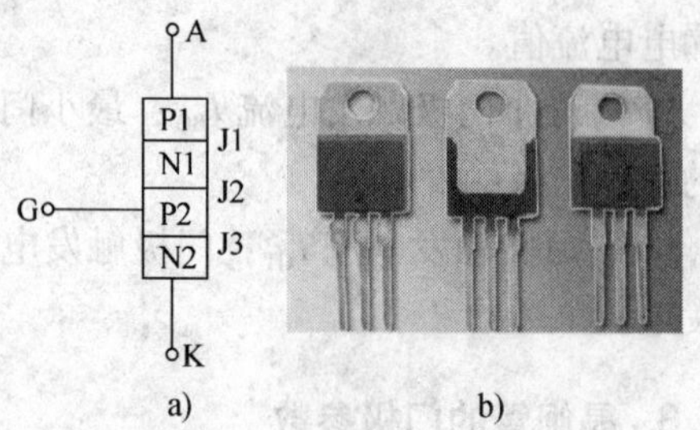

图 B. 3-2 晶闸管内部结构

a）结构 b）外形

（2）双向晶闸管：双向晶闸管又称三端双向交流开关，简称 TRIAC，它是在单向晶闸管的基础上发展而来的。双向晶闸管由 NPNPN 五层半导体材料构成，相当于两只单向晶闸管反向并联，其电路图形符号如图 B. 3-3 所示，有主电极 T1、主电极 T2 和门极 G 三个电极。

双向晶闸管的内部结构和外形如图 B. 3-4 所示，可以双向导通，即门极加上正或负的触发电压，均能触发双向晶闸管正、反两个方向导通。

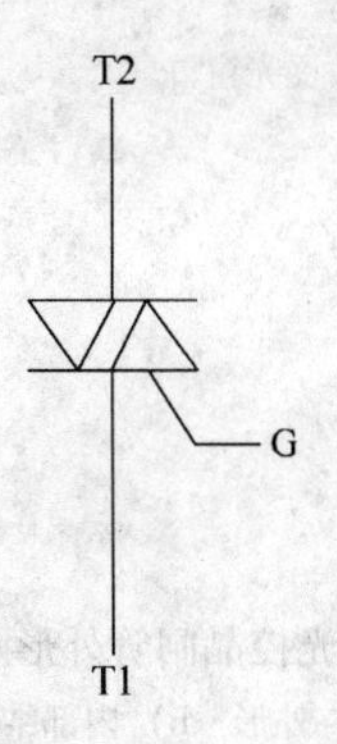

图 B. 3-3 双向晶闸管的电路图形符号

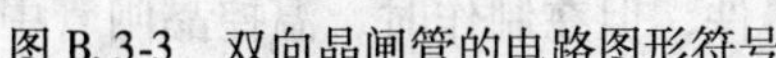

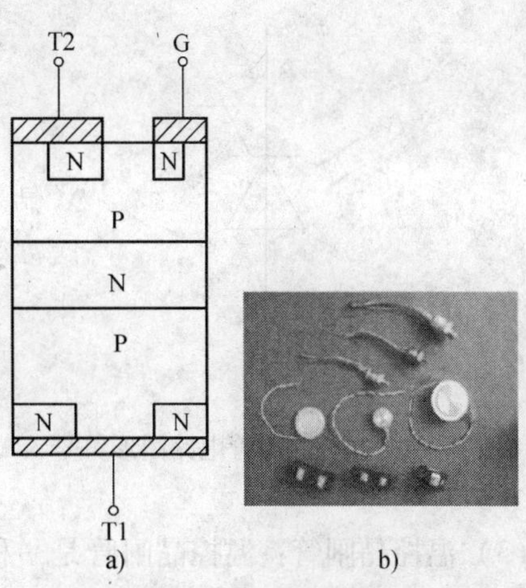

图 B. 3-4 双向晶闸管内部结构和外形图

a）内部结构 b）外形

2. 其他特殊晶闸管的结构与符号

（1）门极关断晶闸管：门极关断晶闸管又称门控晶闸管，简称 GTO 晶闸管（Gate Turn-off Thyristor），其主要特点是：当门极加负向触发信号时，GTO 晶闸管能自行关断。GTO 晶闸管的电路图形符号如图 B. 3-5 所示，它也属于 PNPN 四层三端器件，其结构与普通晶闸管相似（内部结构见图 B. 3-6）。大功率 GTO 晶闸管一般制成模块形式。

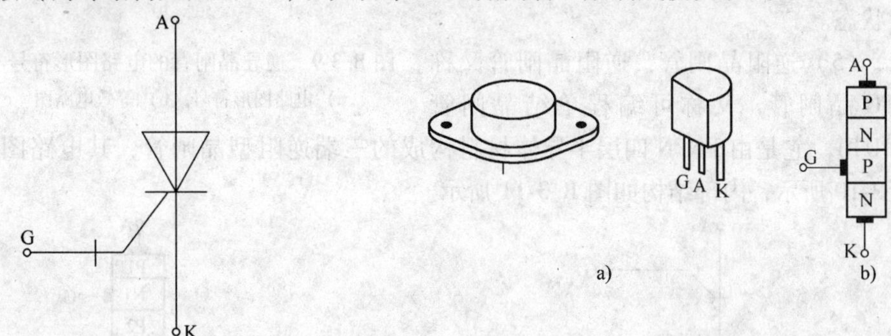

图 B. 3-5 GTO 晶闸管电路图形符号

图 B. 3-6 GTO 晶闸管内部结构

a）外形 b）结构

尽管普通晶闸管与 GTO 晶闸管的触发导通原理相同，但两者的关断原理及关断方式截然不同。这是由于普通晶闸管在导通之后即处于深度饱和状态，而 GTO 晶闸管在导通后只能达到临界饱和，所以在 GTO 晶闸管的门极上加负向触发信号即可关断。

（2）光控晶闸管：光控晶闸管曾称光控可控硅，简称 LAT，也称 GK 型光开关管，它是一种光敏器件。在电路中常用图 B. 3-7 所示的图形符号来表示。光控晶闸管的外形和内部结构如图 B. 3-8 所示，它由 PNPN 四层半导体材料构成，可等效为由一只晶闸管和一只电容、一只光敏二极管组成的电路。由于光控晶闸管的控制信号来自光的照射，故其只有阳极 A 和阴极 K 两个引出电极，门极为受光窗口（小功率晶闸管）或光导纤维、光缆（大功率晶闸管）等。

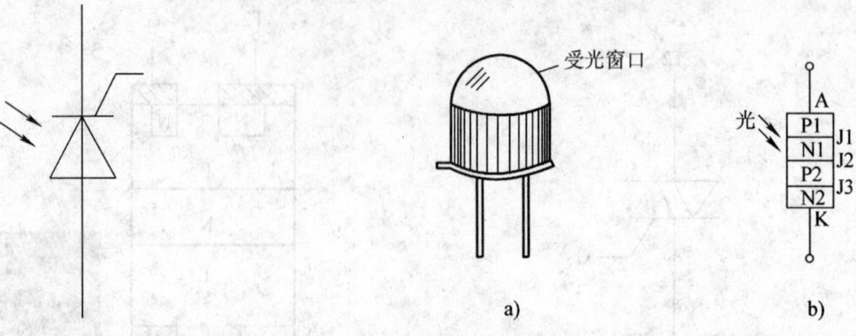

图 B. 3-7　光控晶闸管电路图形符号

图 B. 3-8　光控晶闸管外形及内部结构
a）外形　b）内部结构

（3）温控晶闸管：温控晶闸管是一种新型温度敏感开关器件，其结构与普通晶闸管的结构相似，也是由 PNPN 半导体材料制成的三端器件，但在制作时，温控晶闸管中间的 PN 结中注入了对温度极为敏感的成分，因此改变环境温度，即可改变其特性曲线。

（4）逆导晶闸管：逆导晶闸管又称反向导通晶闸管，简称 RCT（Reverse-Conducting Triode Thyristir），其特点是在晶闸管的阳极 A 与阴极 K 之间反向并联一只二极管（电路符号和等效电路见图 B. 3-9），使阳极与阴极的发射结均呈短路状态。

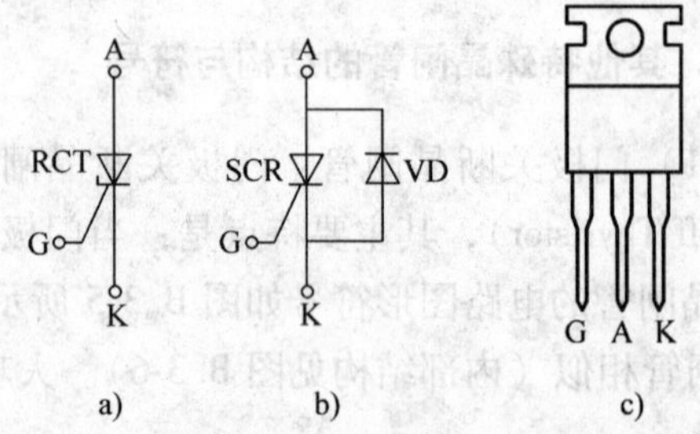

图 B. 3-9　逆导晶闸管的电路图形符号与等效电路
a）电路图形符号　b）等效电路图　c）外形

（5）逆阻晶闸管：逆阻晶闸管又称 BTG 晶闸管，又称可编程单结晶闸管（PUT）。它是由 PNPN 四层半导体材料构成的三端逆阻型晶闸管，其电路图形符号如图 B. 3-10 所示，内部结构如图 B. 3-11 所示。

图 B. 3-10　逆阻晶闸管的电路图形符号

图 B. 3-11　逆阻晶闸管的内部结构

（6）四极晶闸管：四极晶闸管也称硅控制开关管（SCS），是一种由 PNPN 四层半导体材料构成的多功能半导体器件，图 B. 3-12 所示为其电路图形符号和内部结构。

四极晶闸管的四个电极分别为阳极 A、阴极 K、阳极门极 G_A 和阴极门极 G_K。若将四极晶闸管的阴极门极 G_K 悬空，则可以代替 BTG 晶闸管或门极关断晶闸管使用；若将其阳极门极 G_A 悬空，则四极晶闸管可以代替普通晶闸管或门极关断晶闸管使用；若将其阳极门极 G_A 与阳极 A 短接，则可以代替逆导晶闸管或 NPN 型硅晶闸管使用。因此，只要改变四极晶闸管的接线方式，就可构成普通晶闸管（SCR）、门极关断（GTO）晶闸管、逆导晶闸管（RCT）、互补型 N 门极晶闸管（NGT）、可编程单结晶闸管（PUT）、单结晶闸管（UJT），此外还能构成 NPN 型晶闸管、PNP 型晶体管、肖克莱二极管（SKD）、稳压二极管、N 型或 P 型负阻器件，分别可实现十多种半导体器件的电路功能。迄今为止，还不曾有哪种器件像它一样具有如此众多的功能，因此它被誉为新颖的万能器件。

（7）智能晶闸管功率模块：智能晶闸管功率模块简称 ITPM（Intelligent Thyristor Power Mudule），是把晶闸管主电路和移相触发系统以及过电流与过电压保护、传感器等共同封装在一个塑料外壳内制成的，使有关电路成为了一个整体。最新 ITPM 的移相触发电路为全数字电路，功能电路由单片机完成，并且内置有多路电流、电压、温度传感器，通过模块上的接插件可将各种控制线引到键盘，进行各种功能和电气参数设定，并可进行 LED 或 LCD 显示。如图 B. 3-13 所示为晶闸管模块外形和电路。

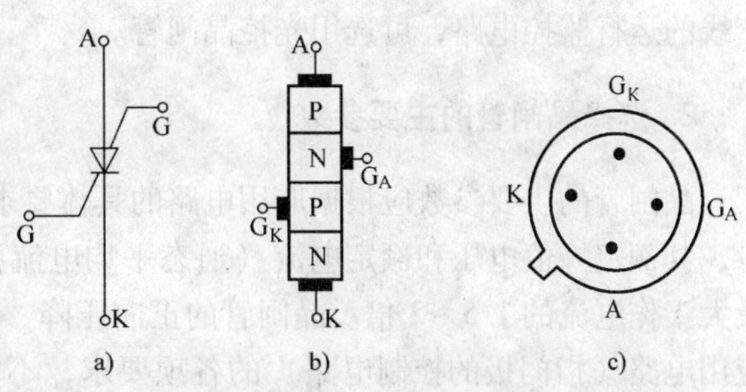

图 B. 3-12　四极晶闸管的电路图形符号及内部结构

a）电路符号　b）结构　c）外形

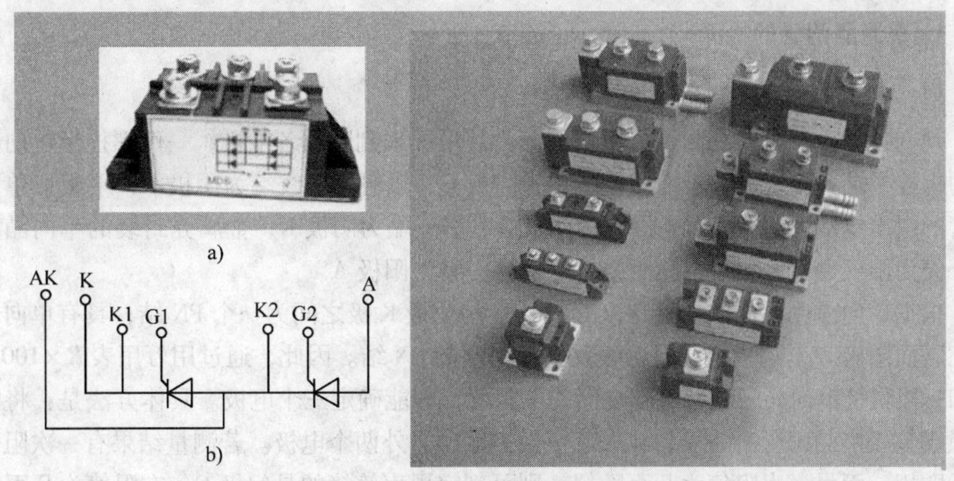

图 B. 3-13　晶闸管模块外形和电路

a）实物外形　b）电路

B. 3. 5　晶闸管的选用

1. 选择晶闸管的类型

晶闸管有多种类型，应根据应用电路的具体要求合理选用。

若用于交直流电压控制、可控整流、交流调压、逆变电源、开关电源保护电路等，可选用普通晶闸管；若用于交流开关（或加于交流开关前）、交流调压、交流电动机线性调速、灯具线性调光及固态继电器、固态接触器等电路中，应选用双向晶闸管；若用于交流电动机变频调速、斩波器、逆变电源及各种电子开关电路等，可选用门极关断晶闸管；若用于电磁灶、电子镇流器、超声波电路、超导磁能储存系统及开关电源等电路，可选用逆导晶闸管；若用于光电耦合器、光探测器、光报警器、光计数器、光电逻辑电路及自动生产线的运行监控电路，可选用光控晶闸管。

2. 选择晶闸管的主要参数

晶闸管的主要参数应根据应用电路的具体要求而定。所选晶闸管应留有一定的功率裕量，其额定峰值电压和额定电流（通态平均电流）均应高于受控电路的最大工作电压和最大工作电流的1.5～2倍。晶闸管的正向压降、门极触发电流及触发电压等参数应符合应用电路（指门极的控制电路）的各项要求，不能偏高或偏低，否则会影响晶闸管的正常工作。

B.3.6 晶闸管的检测

1. 普通晶闸管的检测

（1）单向晶闸管的检测

判别各电极：单向晶闸管可以根据其封装形式来判断出各电极，一般螺栓形单向晶闸管的螺栓一端为阳极A、较细的引线端为门极G、较粗的引线端为阴极K；平板形单向晶闸管的引出线端为门极G、平面端为阳极A、另一端为阴极K；金属壳封装的单向晶闸管的外壳为阳极A，而塑封单向晶闸管的中间引脚为阳极A。

根据单向晶闸管的结构可知，其门极G与阴极K极之间为一个PN结，具有单向导电特性，而阳极A与门极之间有两个反极性串联的PN结。因此，通过用万用表$R\times100$A或$R\times1$k档测量单向晶闸管各引脚之间的电阻值，即能确定三个电极。具体方法是：将万用表黑表笔任接晶闸管某一极，红表笔依次去触碰另外两个电极。若测量结果有一次阻值为几千欧姆，而另一次阻值为几百欧姆，则可判定黑表笔接的是门极G。在阻值为几百欧姆的测量中，红表笔接的是阴极K，而在阻值为几千欧姆的那次测量中，红表笔接的是阳极A，若两次测出的阻值均很大，则说明黑表笔接的不是门极G，应用同样方法改测其他电极。另外，可测任两脚之间的正、反向电阻，若正、反向电阻均接近无穷大，则说明两极为阳极A和阴极K，而另一脚为门极G。

（2）判断晶闸管的好坏：用万用表$R\times1$k档测量晶闸管阳极A与阴极K之间的正、反向电阻，正常时均应为无穷大（∞），否则说明晶闸管内部击穿短路或漏电。

用万用表$R\times1$k档测量门极G与阴极K之间的正、反向电阻值，正常时正向电阻值较小、反向电阻值较大，若两次测量的电阻值均很大或均很小，则说明该晶闸管G、K极之间开路或短路；若正、反电阻值均相等或接近，则说明该晶闸管G、K极之间的PN结已失去单向导电作用。

用万用表$R\times1$k档测量阳极A与控制极G之间的正、反向电阻，正常时两个阻值均应为几百千欧姆或无穷大，否则说明 G、A 极之间反向串联的两个 PN 结中的其中一个已击穿短路。

（3）触发能力的检测：对于小功率（工作电流为5A 以下）的单向晶闸管，可用万用表 $R\times1\Omega$ 档测量。测量时黑表笔接阳极 A、红表笔接阴极 K，此时表针不动，显示阻值为无穷大（∞）。用镊子或导线将 A 极与 G 极短路，此时若电阻值为几欧姆至几十欧姆，则表明晶闸管因正向触发而导通。再断开 A 极与 G 极的连接，若表针示值仍保持在几欧姆至几十欧姆的位置不动，则说明此晶闸管的触发性能良好。

对于中、大功率晶闸管的单向晶闸管，由于万用表 $R\times1\Omega$ 档所提供的电流偏低，晶闸管不能完全导通，故检测时需在黑表笔端串接一只 200Ω 可调电阻和 1～3 节 1.5V 干电池。

2. 双向晶闸管的检测

（1）判别各电极：一般螺栓形双向晶闸管的螺栓一端为主电极 T2，较细的引线端为门极 G，较粗的引线端为主电极 T1；金属封装双向晶闸管的外壳为主电极 T2，而塑封双向晶闸管的中间引脚为主电极 T2。

用万用表 $R\times1$ 或 $R\times10$ 档分别测量双向晶闸管三个引脚间的正、反向电阻值，若测得某一引脚与其他两脚均不通，则此脚为主电极 T2，再测其他两脚之间的正反向电阻值，此时可测得两个较小的电阻值。在电阻值较小（约几十欧姆）的一次测量中，黑表笔接的是主电极 T1，红表笔接的是门极 G。

（2）判断晶闸管的好坏：用万用表 $R\times1\Omega$ 或 $R\times10\Omega$ 档测量双向晶闸管的 T1 极与 T2 极之间、T2 极与 G 极之间的正、反向电阻值，正常时均应接近无穷大，否则说明该晶闸管电极之间已击穿或漏电短路。

用万用表 $R\times1\Omega$ 或 $R\times10\Omega$ 档测量 T1 与 G 之间的正、反向电阻值，正常时均应在几十欧姆至一百欧姆之间，若测其为无穷大，则说明该晶闸管已开路损坏。

（3）触发能力的检测：对于小功率双向晶闸管，可用万用表 $R\times1\Omega$ 档直接测量。具体方法是：先将黑表笔接 T2 极、红表笔接 T1 极，再用镊子将 T2 极与 G 极短路，若此时测得的电阻值由无穷大变为十几欧姆，则说明该晶闸管已被触发导通，否则说明此晶闸管无触发导通能力。若在晶闸管被触发导通后断开 G 极，T2、T1 极之间不能维持低阻导通状态而阻值变为无穷大，则说明该晶闸管性能不良或已经损坏。

对于中、大功率双向晶闸管，在测量其触发能力时，可先在万用表的某支表笔上串接 1～3 节 1.5V 干电池，然后再用 $R\times1\Omega$ 档按上述方法进行测量。

3. 其他特殊晶闸管的检测

（1）门极关断晶闸管的检测：门极关断晶闸管三个电极的判别方法与普通晶闸管相同，因此可采用判别普通晶闸管电极的方法来找出门极关断晶闸管的电极。

在检测门极关断晶闸管的关断能力时，可先按检测触发能力的方法使晶闸管处于导通状态，即用万用表 $R\times1\Omega$ 档黑表笔接阳极 A、红表笔接阴极 K，测得电阻值为无穷大。再将 A 极与门极 G 短路，晶闸管被触发导通，其 A、K 极之间电阻值由无穷大变为低阻状态。断开A极与G极的短路点后，晶闸管维持低阻导通状态，由此说明其触发能力正常。再在晶闸管的门极G与阳极A之间加上反向触发信号，若此时A极与K极之间的电阻值由低阻值变为无穷大，则说明晶闸管的关断能力正常。

（2）温控晶闸管的检测：温控晶闸管的内部结构与普通晶闸管相似，因此可采用判别普通晶闸管电极的方法来找出温控晶闸管的电极。另外，温控晶闸管的好坏可用万用表大致测量出来，具体方法可参考普通晶闸管的检测方法。

（3）光控晶闸管的检测

1）判别各极：将万用表置 $R\times1\Omega$ 档，在黑表笔上串接1~3节1.5V干电池，测量两引脚之间的正、反向电阻值，正常时均应为无穷大。再用小手电筒或激光笔照射光控晶闸管的受光窗口，此时应能测出一个较小的正向电阻值，但反向电阻值仍为无穷大。在较小电阻值的一次测量中，黑表笔接的是阳极A、红表笔接的是阴极K。

2）判断晶闸管的好坏：采用如图B.3-14所示电路对光控晶闸管进行测量。按通电源开关S，用手电筒照射晶闸管VT的受光窗口，若此时指示灯HL不亮，在被测晶闸管电极连接正确的情况下，则说明该晶闸管内部损坏。若接通电源开关S后，在未加光源的情况下指示灯HL点亮，则说明被测晶闸管已击穿短路。

3）触发性能的检测：采用判断光控晶闸管好坏的方法对其触发性能进行测量，若接通电源开关、并加上触发光源后，指示灯HL点亮，撤离光源后指示灯HL维持发光，则说明该晶闸管触发性能良好。

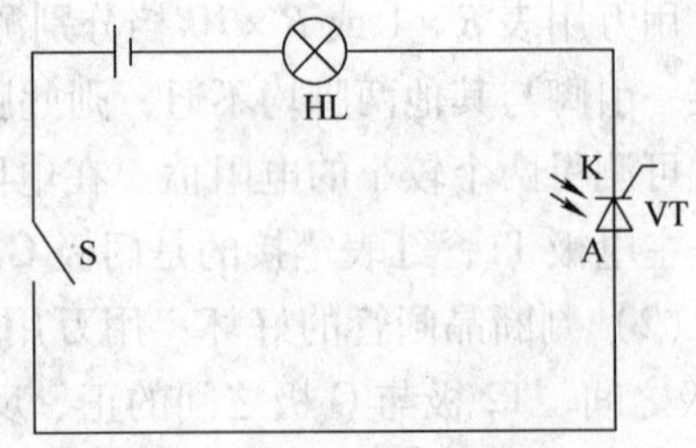

图B.3-14　光控晶闸管的测试电路

（4）逆导晶闸管的检测

1）判别各电极：根据逆导晶闸管内部结构可知，在阳极A与阴极K之间并接有一只二极管（正极接K极），而门极G与阴极K之间有一个PN结，阳极A与门极G之间有多个反向串联的PN结。

用万用表 $R\times100\Omega$ 档测量各电极之间的正反向电阻值时，会发现有一个电极与另外两个电极之间正、反向测量时均会有一个低阻值，这个电极就是阴极K。将黑表笔接阴极K，红表笔依次去触碰另外两个电极，显示为低阻值的一次测量中，红表笔接的是阳极A。再将红表笔接阴极K，黑表笔依次触碰另外两个电极，显示低阻值的一次测量中，黑表笔接的便是门极G。

2）判断晶闸管的好坏：用万用表 $R\times100\Omega$ 或 $R\times1\text{k}$ 档测量晶闸管各极之间的正、反向电阻值。正常情况下，阳极A与阴极K之间的正向电阻值为无穷大、反向电阻值为几百欧姆至几千欧姆；阳极A与门极G之间的正、反向电阻值均为无穷大；门极G与阴极K之间的正向电阻值为几百欧姆至几千欧姆，反向电阻值为无穷大。若实测数据与上述情况不符，则说明所测晶闸管开路或短路损坏。

3）触发性能的检测：逆导晶闸管触发能力的检测方法与普通晶闸管相同。

（5）逆阻晶闸管的检测

1）判别各电极：根据逆阻晶闸管的内部结构可知，其A-K极和G-K极之间均包含有多个正、反向串联的PN结，而A-G极之间只有一个PN结。因此，只要用万用表测出A极和G极即可。具体方法是：用万用表 $R\times1k$ 档测量任意两引脚之间的正、反向电阻值，若测出某对引脚为低阻值时，则黑表笔接的是阳极A、红表笔接的是门极G，而另外一个引脚即为阴极K。

2）判断逆倒晶闸管的好坏：用万用表 $R\times1k$ 档测量晶闸管各电极之间的正、反向电阻值。正常时，阳极A与阴极K之间的正、反向电阻值均为无穷大；阳极A与门极G之间的正向电阻值（指黑表笔接A极时）为几百欧姆至几千欧姆，反向电阻值为无穷大。若测得某两极之间的正、反向电阻值均很小，则说明该逆导晶闸管已短路损坏。

3）触发性能的检测：将万用表置于 $R\times1\Omega$ 档，黑表笔接阳极A、红表笔接阴极K，测得阻值应为无穷大。再用手指触摸门极G，给其加上一个人体感应信号，若此时A、K极之间的电阻值由无穷大变为低阻值（数欧姆），则说明晶闸管的触发能力良好。

（6）四极晶闸管的检测

1）判别各电极：四极晶闸管多采用金属壳封装，如图B.3-15所示为引脚排列底视图。从管键（管壳上的凸起处）开始看，顺时针方向依次为阴极K、阴极门极 G_K、阳极门极 G_A、阳极A。

2）判断晶闸管的好坏：用万用表 $R\times1k$ 档分别测量四极晶闸管各电极之间的正、反向电阻值。正常时，A与 G_A 极之间的正向电阻值（黑表笔接A极）为无穷大，反向电阻值为4～12kΩ；G_A 与 G_K 极之间的正向电阻值（黑表笔接 G_A）为无穷大，反向电阻值为2～10kΩ；K与 G_K 极之间的正向电阻值（黑表笔接K）为无穷大，反向电阻值为4～12kΩ。若测得某两极之间的正、反向电阻值均较小或均为无穷大，则说明该晶闸管内部短路或开路。

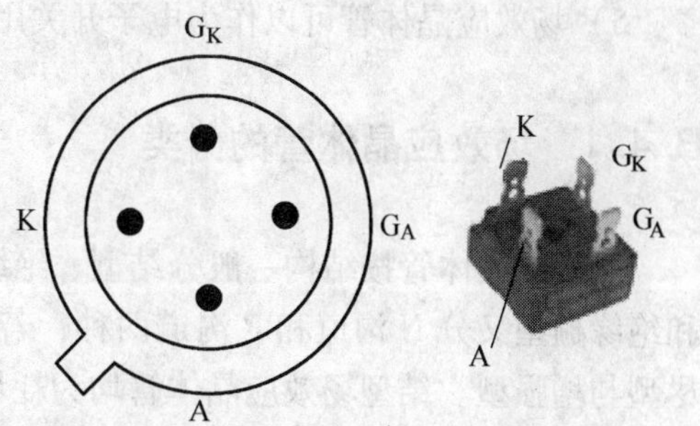

图B.3-15 管脚排列底视图

3）晶闸管性能的检测：触发能力的检测：用万用表 $R\times1k$ 档黑表笔接A极、红表笔接K极，将K极与 G_A 极瞬间短路，A、K极之间电阻值由无穷大迅速变为低阻值，则说明该晶闸管 G_A 极的触发能力良好。断开黑表笔后将其与A极连接，再将A极与 G_K 极瞬间短路，若此时晶闸管A、K极之间的电阻值由无穷大变为低阻值，则说明该晶闸管 G_K 极的触发能力良好。

关断性能的检测：在四极晶闸管被触发导通状态时，若将A极与 G_A 极或K极与 G_K 极瞬间短路，A、K极之间的电阻值由低阻值变为无穷大，则说明该晶闸管的关断性能良好。

反向导通性能的检测：分别将晶闸管的A极与 G_A 极、K极与 G_K 极短接，用万用表 $R\times1k$ 档黑表笔接A极、红表笔接K极，正常时阻值应为无穷大。再将两表笔对调测量，K、A极之间正常电阻值应为低阻值（数千欧姆）。若所测电阻值与正常值相符，则说明该晶闸管的反向导通性能良好。

B.4　场效应晶体管简介

场效应晶体管英文全称为（Field-Effect Transistor，FET），它是三个引脚的器件，其三个引脚分别为栅极（G 极，Gate）、源极（S 极，Source）和漏极（D 极，Drain）。场效应晶体管是由多数载流子参与导电的晶体管，又称为单极型晶体管，属于电压控制型半导体器件，具有输入电阻高、噪声小、功耗低、动态范围大、易于集成、没有二次击穿和安全工作区域宽等优点，它主要应用于以下几个方面。

1）场效应晶体管可用于放大。由于场效应晶体管放大器的输入阻抗很高，因此可以使用容量较小的耦合电容，不必使用电解电容器。

2）场效应晶体管很高的输入阻抗非常适合作阻抗变换。常用于多级放大器的输入级作为阻抗变换。

3）场效应晶体管可以用作可变电阻。

4）场效应晶体管可以方便地作为恒流源。

5）场效应晶体管可以作为电子开关用。

B.4.1　场效应晶体管的分类

场效应晶体管按结构一般分结型、绝缘栅型两大类；按沟道半导体材料的不同，结型和绝缘栅型又分 N 沟道和 P 沟道两种，若按导电方式来划分，场效应晶体管又可分成耗尽型与增强型。结型场效应晶体管均为耗尽型，绝缘栅型场效应晶体管既有耗尽型的，也有增强型的。具有两个 PN 结的场效应晶体管称为结型场效应晶体管（Junction Field-Effect Transistor，JFET），栅极与其他电极完全绝缘的场效应晶体管称为绝缘栅型场效应晶体管（JGFET）。绝缘栅型场效应晶体管又分为增强型和耗尽型两种，在正常情况下导通的场效应晶体管称为耗尽型场效应晶体管，在正常情况下断开的场效应晶体管称为增强型场效应晶体管。

增强型场效应晶体管的特点是：当 V_{GS}（栅-源电压）=0 时，I_D（漏极电流）=0，只有当 V_{GS}增加到某一值时才开始导通，有漏极电流产生，并称开始出现漏极电流时的栅源电压 V_{GS}为开启电压。耗尽型场效应晶体管的特点是：在正或负的栅源电压（正或负偏压）下工作，而且栅极上基本无栅流（非常高的输入电阻）。目前在绝缘栅型场效应晶体管中，应用最为广泛的是金属氧化物半导体场效应晶体管（MOSFET）。

此外还有 PMOS、NMOS 和 VMOS 功率场效应晶体管，以及最近刚问世的 πMOS 场效应晶体管、VMOS 功率模块等。VMOS 场效应晶体管（VMOSFET）简称 VMOS 管或功率场效应晶体管，其全称为 V 型槽 MOS 场效应晶体管。它是继 MOSFET 之后新发展起来的高效、大功率开关器件。它不仅继承了 MOS 场效应晶体管输入阻抗高（≥108Ω）、驱动电流小（0.1μA 左右）的特点，还具有耐压高（最高 1200V）、工作电流大（1.5A ~ 100A）、输出功率高（1 ~ 250W）、跨导的线性好、开关速度快等优良特性。在电压放大器（电压放大倍数可达数千倍）、功率放大器、开关电源和逆变器中得到了广泛地应用。

VMOS 场效应功率管具有极高的输入阻抗及较大的线性放大区等优点，尤其是它具有负的电流温度系数，即在栅-源电压不变的情况下，导通电流会随管温升高而减小，故一般不存在由于“二次击穿”现象所引起的管子损坏现象。

另外，在 20 世纪 90 年代初期，在 MOSFET 的基础上发展起来了一种绝缘栅双极型晶体管（IGBT），它本质上也是一个场效应晶体管和普通晶体管技术相结合的复合型器件，只是在漏极和漏区之间多了一个 P 型层。根据国际电工委员会的文件建议，其各部分名称基本沿用场效应晶体管的相应命名，本书也将它划入场效应晶体管之内。

IGBT 根据其结构又可分为平面栅穿通型 IGBT、精密平面栅穿通型 IGBT、沟槽栅 IGBT、非穿通型 IGBT、电场截止型 IGBT、逆导型 IGBT、注入增强型 IGBT（IEGT）、高频型 IGBT 和双向型 IGBT。

根据不同生产企业的分类标准，把 IGBT 的演变过程又分为五代，即：

第一代穿通（PT）型 IGBT。它是 IGBT 的原型产品，在功率 MOS 场效应晶体管结构中引入一个漏极侧 PN 结，以提供正向注入少数载流子而实现电导调制来降低通态压降的 IGBT，这时的 IGBT 电压还比较低（一般在 600V 左右）。

第二代平面栅穿通（PT）型 IGBT。这时的 IGBT 耐压可达到 1200V，通态压降达到 2.1～2.3V。

第三代沟槽栅（Trench Gate）型 IGBT。这一代 IGBT 采取沟槽栅结构代替平面栅，这时的 IGBT 耐压可达到 1700V，通态压降可达到 1.7～2.0V。

第四代非穿通（NPT）型 IGBT。这一代的 IGBT 耐压可达到 2500V，通态压降降到了 1.5～1.8V 的水平。

第五代电场截止（FS）型 IGBT，又称弱穿通（LPT）IGBT。这一代的 IGBT 耐压可达到 6500V，通态压降降低到 1.3～1.5V 的水平。

B.4.2　场效应晶体管的命名

1. 美国场效应晶体管型号命名方法

美国场效应晶体管型号命名由四部分组成。第一部分用数字表示器件的类别，第二部分用字母“N”表示该器件已在 EIA（美国电子工业协会）注册登记，第三部分用数字表示该器件的注册登记号，第四部分用字母表示器件的规格号。如表 B.4-1 所示。

表 B.4-1　美国场效应晶体管型号各部分含义

第一部分:类别		第二部分:美国电子工业协会(EIA)注册标志		第三部分:美国电子工业协会(EIA)登记号	第四部分:器件规格号
数字	含义	字母	含义	用多位数字表示该器件在美国电子工业协会(EIA)的登记号	用字母 A、B、C…表示同一型号器件的不同档次
3	3 个 PN 结器件	N	该器件已在美国电子工业协会(EIA)注册登记		
n	n 个 PN 结器件	N			
2	2 个 PN 结器件	N			

2. 日本场效应晶体管型号命名方法

日本场效应晶体管的型号命名（JIS-C-7012 工业标准）由五部分组成，各部分含义如表 B. 4-2 所示。第一部分用数字表示器件的类型或有效电极数，第二部分用字母 S 表示该器件已在日本电子工业协会（EIAJ）注册登记，第三部分用字母表示器件的类别，第四部分用数字表示登记顺序号，第五部分用字母表示产品的改进序号。

表 B. 4-2 日本场效应晶体管型号的各部分含义

第一部分:器件类型及有效电极		第二部分:日本电子工业协会注册产品		第三部分:类别		第四部分:登记序号	第五部分:产品改进序号
2	2 个 PN 结的场效应晶体管	S	已在日本电子工业协会（EIAJ）注册的半导体分立器件	J	P 沟道场效应晶体管	用两位以上整数表示日本电子工业协会注册登记的顺序号	用字母 A、B、C、D…表示对原来型号的改进序号
				K	N 沟道场效应晶体管		
3	具有 3 个 PN 结或 4 个电极的场效应晶体管			J	P 沟道场效应晶体管		
				K	N 沟道场效应晶体管		

3. 中国场效应晶体管的型号命名方法

中国场效应晶体管的型号由三部分组成，第一部分用字母表示半导体器件的类型，CS 代表场效应晶体管、BT 代表半导体特殊器件、FH 代表复合管，第二部分用数字表示序号，第三部分用汉语拼音字母表示规格号。例如形式为 CS××#，CS 代表场效应晶体管，××以数字代表型号的序号，#用字母代表同一型号中的不同规格。例如 CS14A、CS45G 等。

4. 其他场效应晶体管的型号命名方法

有些场效应晶体管命名方法与双极型晶体管相同，第三位字母 J 代表结型场效应晶体管，O 代表绝缘栅场效应晶体管。第二位字母代表材料，D 是 N 沟道、C 是 P 沟道。

B. 4. 3 场效应晶体管结构与图形符号

1. 场效应晶体管结构

JFET 场效应晶体管结构如图 B. 4-1 所示。

JGFET 场效应晶体管结构如图 B. 4-2 所示。

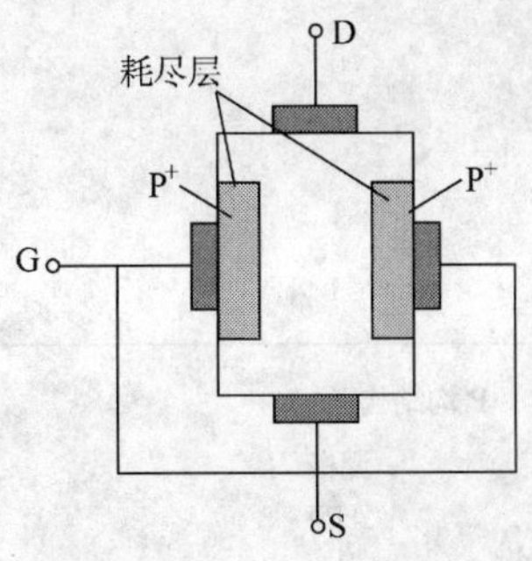

图 B. 4-1　JFET 场效应晶体管结构

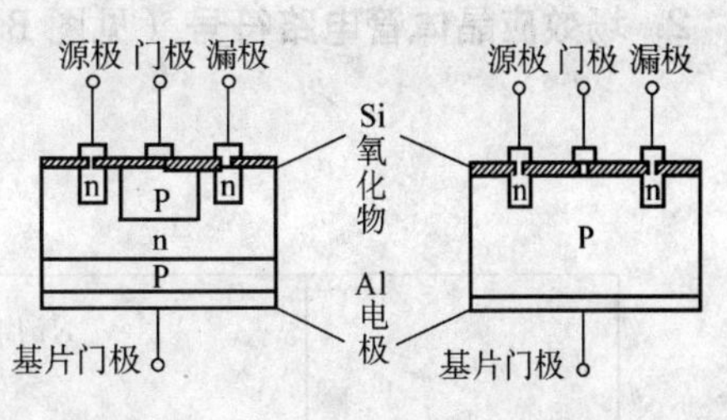

图 B. 4-2　JGFET 场效应晶体管结构

MOSFET 场效应晶体管结构如图 B. 4-3 所示。

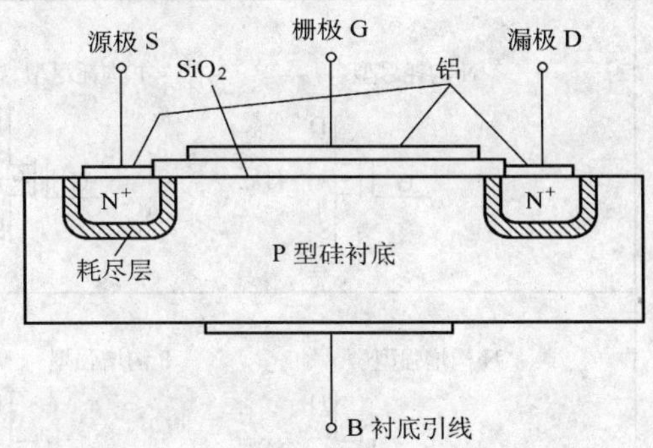

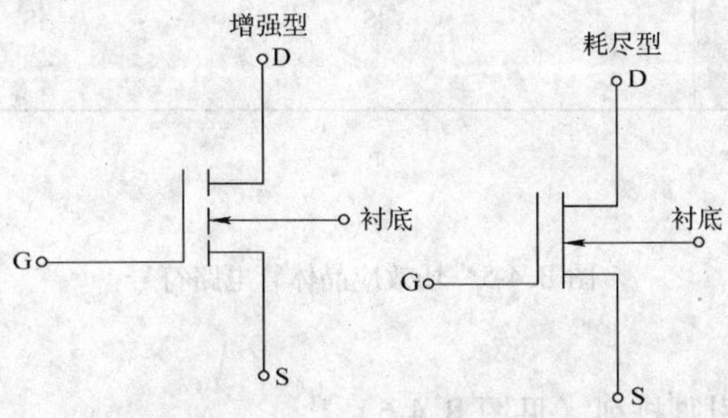

图 B. 4-3　MOSFET 场效应晶体管结构

VMOSFET 结构如图 B. 4-4 所示。

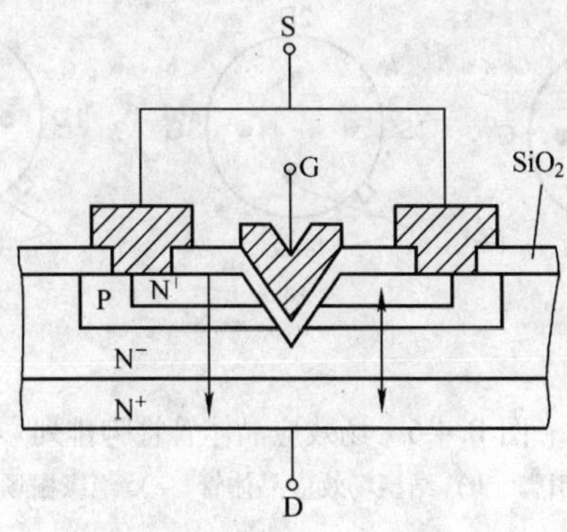

图 B. 4-4　VMOSFET 结构

2. 场效应晶体管电路符号（见图 B. 4-5）

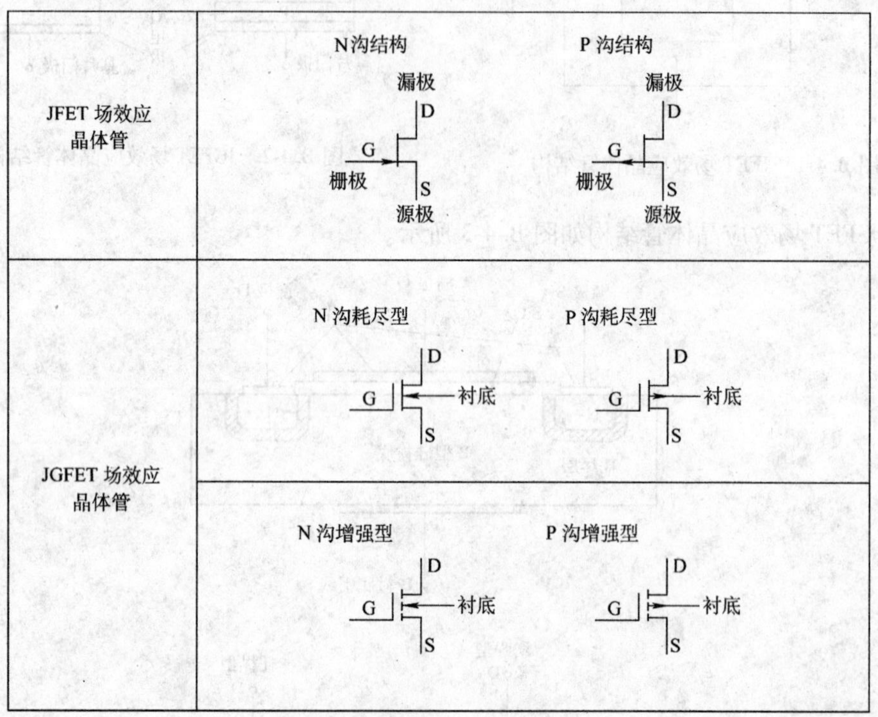

图 B. 4-5 场效应晶体管电路符号

3. 场效应晶体管引脚排列（见图 B. 4-6）

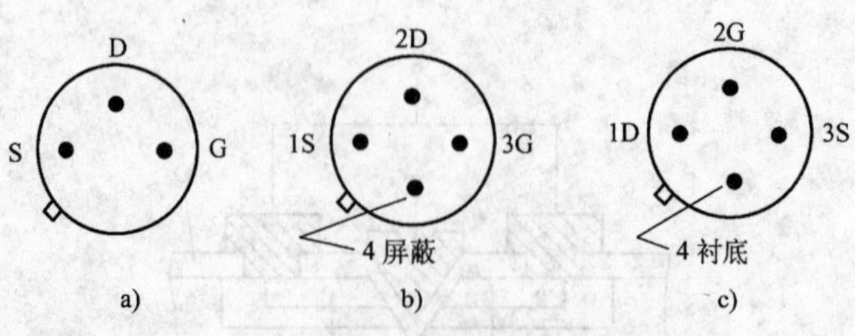

图 B. 4-6 场效应晶体管管脚排列

a）普通三引脚 b）结型场效应晶体管 c）绝缘栅场效应晶体管

4. 场效应晶体管的外形图（见图 B.4-7）

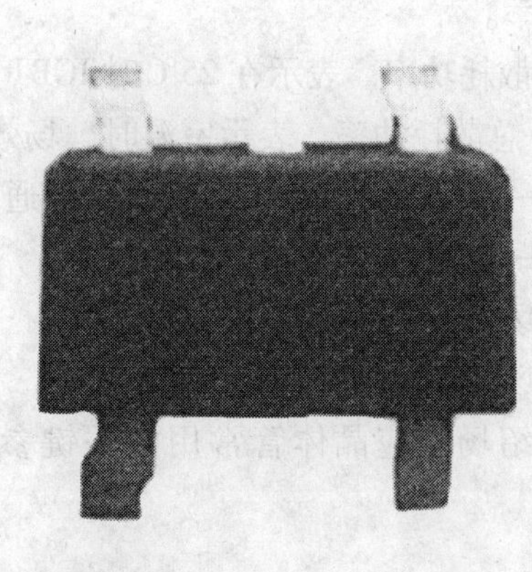

图 B.4-7　场效应晶体管的外形图

B.4.4　场效应晶体管参数

场效应晶体管的参数很多，包括直流参数、交流参数和极限参数，但一般使用时比较关注以下主要参数：

1）I_{DSS}——栅源短路时的漏极电流。它是指结型或耗尽型绝缘栅场效应晶体管栅-源电压 $V_{GS}=0$ 时的极源电流。

2）I_{DSM}——最大漏-源电流。是一项极限参数，是指场效应晶体管正常工作时，漏源极间所允许通过的最大电流，场效应晶体管的工作电流不应超过 I_{DSM}。

3）I_D——最大漏极（直流）电流。它用来表示结型场效应晶体管正常温升条件下的最大漏极（直流）电流。

4）I_C——最大集电极电流。一般用来表示 IGBT 的 C 极在 25℃时的最大电流。

5）V_P——夹断电压，也称为 V_{po}。是指结型或耗尽型绝缘栅场效应晶体管中，使漏源极间刚截止时的栅极电压。它与栅极电压 V_{GS} 和漏源电压 V_{DS} 之间可近以表示为 $V_{po}=V_{DS}+|V_{GS}|$，其中 $|V_{GS}|$ 表示 V_{GS} 的绝对值。

6）V_T——开启电压。是指增强型绝缘栅场效应晶体管中，使漏源极间刚导通时的栅极电压。

7）V_{DS} 或 V_{GS}——极限电压。用来分别表示结型场效应晶体管的漏-源或栅-漏极极限（直流）电压。

8）$V_{(BR)DSS}$——漏-源短路时栅-源击穿电压。用来表示绝缘栅型场效应晶体管的源极接地、栅极对地短路，漏-源极之间在指定条件下的最高耐压。

9）V_{CES}——集电极发射极电压。用来表示 IGBT 场效应晶体管栅极-发射极的电压短路时的集电极-发射极的电压。

10）P_{DSM}——漏-源最大耗散功率，表示场效应晶体管连续工作不损坏所允许的最大漏源耗散功率。使用时，场效应晶体管实际功耗应小于 P_{DSM}，并留有一定的裕量。

11）P_{DS}——漏-源（直流）散耗功率。表示室温时无散热片场效应晶体管连续工作的漏极最大耗散功率。

12）P_C——散耗功率。表示在25℃时IGBT场效应晶体管的c极最大耗散功率。

13）P_{tot}——总散耗功率。表示室温时，场效应晶体管连续工作时总耗散功率。

14）$R_{DS(ON)}$——最大开态电阻，也就是导通电阻，简写为 $R_{(ON)}$。

15）Q_{SW}——典型门电荷。

16）T_a——场效应晶体管使用环境温度。

17）T_c——场效应晶体管管壳温度。

本书主要介绍场效应晶体管常用的关键参数：I_D、I_{DSS}、I_C、V_{GS}、V_{DS}、V_{DSS}、V_{CES}、P_D、P_C、P_{tot}。

B.4.5 场效应晶体管的使用

FET是一种电压控制器件，其栅极电流极小，栅源输出电阻很大，MOSFET栅漏极输出电阻可达 $1\times10^7\Omega$ 以上，特别适用于作为高输入阻抗放大器的输入级。FET在沟道未夹断时可以作为压控可变电阻使用，这一特性使FET在一些控制电路中得到广泛应用，如自动增益控制电路、超大规模集成电路（VLSI）等。使用场效应晶体管时应注意以下几点：

1）为了安全使用场效应晶体管，在线路的设计和维修更换中不能超过场效应晶体管的最大耗散功率、最大漏源电压、最大栅源电压和最大电流等参数的极限值，同时应留有足够的参数裕量。

2）各类型场效应晶体管在使用时，都要严格按要求的偏置接入电路中，要遵守场效应晶体管偏置的极性。

3）为了防止场效应晶体管栅极感应击穿，要求一切测试仪器、工作台、电烙铁、线路本身都必须有良好的接地。引脚在焊接时，先焊源极，在连入电路之前，管子的全部引线端保持互相短接状态，焊接完后才把短接材料去掉。另外，从元器件架上取下管子时，应以适当的方式确保人体接地。

4）焊接场效应晶体管时，最好采用先进的气热型电烙铁比较安全。在未关断电源时，绝对不可以把引脚插入电路或从电路中拔出。

5）在安装场效应晶体管时，注意安装的位置要尽量避免靠近发热元件，为了防止管子振动，有必要将管壳体紧固起来，引脚线在弯曲时，应当在大于根部尺寸5mm处进行，以防止弯断引脚和引起管子漏气等。

6）使用功率场效应晶体管时，要有良好的散热条件。因为功率场效应晶体管在高负载条件下运用，必须设计足够的散热器，以确保壳体温度不超过额定值，使器件长期稳定可靠地工作。

7）结型场效应晶体管应用的电路中可以使用绝缘栅型场效应晶体管代替结型场效应晶体管，但绝缘栅增强场效应晶体管应用的电路中不能用结型场效应晶体管代替绝缘栅场效应晶体管。

8）由于MOSFET结构中的氧化物容易被静电所击穿，而人体有许多静电，故使用MOSFET时还应注意以下几点：

一是不论是拔除、接触或插入MOSFET到任何仪器或线路上，一定要先将电源断开。

二是移动MOSFET一定要先确定人体电位跟所欲拔移的器件电位相等，一般做法是先将手去接触电路单元的框架上（如地线之类）进行放电。

三是MOSFET由于输入阻抗极高，而栅-源极间电容又非常小，极易受到外界电磁场或静电的感应而带电，而少量电荷就可在极间电容上形成相当高的电压，因此场效应晶体管出厂时各引脚都绞合在一起，通常装在黑色的导电泡沫塑料袋中，切勿自行随便拿个塑料袋盛装。也可用细铜线把场效应晶体管各个引脚连接在一起，用锡纸包装或装在金属箔内，使G极与S极呈等电位，防止积累静电荷。尤其要注意的是，不能将MOSFET放入塑料盒子内，保存时最好放在金属盒内，同时也要注意场效应晶体管的防潮。场效应晶体管短路后焊接，一般是先将其与外部电路接好，然后再移去短路点。

四是不建议用热风焊枪对MOSFET进行焊接，在焊接MOSFET时，一定要先确定焊头为接地的电位。

五是MOSFET各引脚的焊接顺序是漏极→源极→栅极，拆卸顺序则是栅极→源极→漏极。

六是MOSFET的栅极在条件允许的前提下，最好接入保护二极管。在检修电路中的场效应晶体管时应注意检查原来的保护二极管是否损坏。

总之，为确保场效应晶体管的安全使用，要注意的事项很多，采取的安全措施也是各种各样，广大的专业技术人员，特别是广大的电子爱好者，要根据自己的实际情况出发，采取切实可行措施，安全有效地用好场效应晶体管。

B.4.6　场效应晶体管的检测

1. 准备工作

测量之前，先把人体对地短路后，才能触摸场效应晶体管的引脚。最好在手腕上接一条导线与大地连通，使人体与大地保持等电位，再把引脚分开，然后拆掉导线。

2. 结型场效应晶体管的检测

结型场效应晶体管的栅极相当于晶体管的基极，源极和漏极分别对应于晶体管的发射极和集电极。将万用表置于$R\times1$k档，用两表笔分别测量每两个管脚之间的正、反向电阻。当某两个引脚之间的正、反向电阻相等，且均为几千欧时，则这两个管脚为漏极D和源极S（可互换），余下的一个引脚即为栅极G。对于有4个引脚的结型场效应晶体管，另外一极是屏蔽极。若两次测出的电阻值均很大，说明是PN结的反向，即都是反向电阻，可以判定是N沟道场效应晶体管，且黑表笔接的是栅极；若两次测出的电阻值均很小，说明是正向PN结，即是正向电阻，判定为P沟道场效应晶体管，黑表笔接的也是栅极。若不出现上述情况，则进一步调换黑、红表笔按上述方法进行测试，直到判别出栅极为止。

（1）判断结型场效应晶体管的好坏

用万用表测量场效应晶体管的源极与漏极、栅极与源极、栅极与漏极、栅极 G1 与栅极 G2 之间的电阻值同场效应晶体管手册标明的电阻值对照，看其是否相符来判别管子的好坏。具体方法：首先将万用表置于 $R\times10\Omega$ 或 $R\times100\Omega$ 档，测量源极 S 与漏极 D 之间的电阻值，通常在几十欧到几千欧的范围之内，如果测得阻值大于正常值，可能是由于内部接触不良；如果测得阻值为无穷大，则可能是内部断路；如果测得栅极 G1 与 G2、栅极与源极、栅极与漏极之间的电阻值均接近无穷大，则说明管子是正常的；若测得上述各阻值太小或为 0Ω，则说明管子是坏的。

（2）测量漏-源通态电阻 R_{DS}（on）

将 G-S 极短路，选择万用表的 $R\times1$ 档，黑表笔接 S 极，红表笔接 D 极，阻值应为几欧至十几欧。由于测试条件不同，测出的 R_{DS}（on）值与手册中所测得的数据不可能完全一致。

（3）检测场效应晶体管的放大能力

将万用表拨到 $R\times100\Omega$ 档，红表笔接源极 S，黑表笔接漏极 D，相当于给场效应晶体管加上 1.5V 的电源电压。这时表针指示出的是 D-S 极间电阻值。然后用手指捏栅极 G，将人体上的感应电压作为输入信号加到栅极上，可观察到表针有较大幅度的摆动。如果用手捏栅极时表针摆动很小，说明管子的放大能力较弱；若表针不动，则说明管子已经损坏。

根据上述方法，例如用万用表的 $R\times100$ 档测量 3DJ2F 结型场效应晶体管，可先将管的 G 极开路，测得漏源电阻 R_{DS}为 600Ω 左右，用手捏住 G 极后，表针向左摆动，指示的电阻 R_{DS}为 11.8kΩ 左右，表针摆动的幅度较大，则说明该管子是好的，并有较大的放大能力。

注意：手捏栅极时，万用表指针可能向右摆动（电阻值减小），也可能向左摆动（电阻值增加），这是由于人体感应的交流电压较高，而不同的场效应晶体管用电阻档测量时的工作点可能不同所致，因此，只要表针摆动幅度较大，则说明管子有较大的放大能力。

3. VMOS 绝缘栅场效应晶体管的检测

（1）判断栅极 G

将万用表拨到 $R\times100\Omega$ 档，首先确定栅极。若某脚与其他脚的电阻都是无穷大，证明此脚就是栅极 G。交换表笔再测，S-D 极之间的电阻值应为几百欧至几千欧，其中阻值较小的那一次，黑表笔接的为 D 极，红表笔接的是 S 极。

注意：日本生产的 3SK 系列场效应晶体管产品，S 极与管壳接通，S 极很容易确定。

（2）检查放大能力（跨导）

将万用表置于 $R\times1\text{k}$（或 $R\times100\Omega$）档，红表笔接 S 极，黑表笔接 D 极，手持螺钉旋具去碰触栅极，表针应有明显偏转，偏转越大，说明管子的放大能力越强。

注意：有少数 VMOS 管在 G-S 极之间并有保护二极管，采用此法判别极性容易出错，应特别引起注意。本手册中介绍的模块，其内部有多个 N 沟道或 P 沟道管，不适用本检测方法，其他场效应晶体管可参照此法进行检测。

机械工业出版社相关图书

序号	书　　名	书号	定价	出版时间
1	数字高清、平板彩电新型集成电路快查速修实用手册	34591 - 6	88	201201
2	新编常用集成电路及元器件使用手册	32493 - 5	39. 8	201107
3	常用集成电路速查手册	28717 - 9	198	201003
4	最新通用电子元器件置换手册（第3版）	31807 - 1	68	201010
5	最新常用集成块速查速用手册 第1册	28559 - 5	128	201003
6	最新常用集成块速查速用手册 第2册	30171 - 4	98	201006
7	最新常用电子管速查手册	34094 - 2	48	201107
8	最新 LED 及其驱动电路速查手册	34009 - 6	49. 8	201107
9	最新常用保护元器件速查手册	31651 - 0	44	201101
10	最新常用 IGBT 速查手册	31966 - 5	47	201101
11	最新易混微小贴片集成电路识读与应用速查手册	30214 - 8	58	201006
12	液晶屏代换与组装速查手册	28570 - 0	41	201004
13	运算放大器速查速用	26344 - 9	47	200905
14	贴片元器件速查速用	26872 - 7	47	200906
15	国内外集成电路封装及内部框图图集	24183 - 6	88	200810
16	上门快修电器故障对查手册 第3版	33377 - 7	98	201104

以上图书在全国书店均有销售，您也可在中国科技金书网（www. golden-book. com，电话：010-88379639/88379641）联系购书事宜。

图书内容垂询电话：010-68326336　010-88379765

E - mail：dgdz@ cmpbook. com

地址：北京市西城区百万庄大街22号

机械工业出版社 电工电子分社

邮编：100037

用户意见反馈卡

尊敬的用户：

非常感谢您购买《最新电子器件置换手册（软件版）》，该软件版手册是数字化手册系列出版物之一，请妥善保管好您的序列号。

由于数字化出版物尚在起步阶段，有很多问题有待解决，希望广大的读者在使用《最新电子器件置换手册（软件版）》之后能够多提宝贵意见，帮助我们不断完善该产品。

感谢您对我们的支持和厚爱，当您购买该产品之后，您就能成为我们的正式注册用户，享受正版用户所拥有的技术支持和升级服务。

衷心感谢！

机械工业出版社电工电子分社

地址：北京市百万庄大街22号　　邮箱：100037

您的建议与评价：

您是从事哪方面的工作，工作中希望有何种形式的数字化产品来提高您的工作质量和效率？

您希望在该手册中有哪项功能得到升级或者需要增加什么功能？

您期待市面上出现关于其他哪方面的数字化出版物？